H5 新锐课堂

Mugeda 官方推荐用书

可视化H5
页面设计与制作

Mugeda实用教程

彭澎 姜旭 编著
教育部教育管理信息中心 审定

U0251069

人民邮电出版社
北京

图书在版编目（CIP）数据

可视化H5页面设计与制作：Mugeda实用教程 / 彭澎，
姜旭编著 ；教育部教育管理信息中心审定. -- 北京 ：
人民邮电出版社，2019.1
ISBN 978-7-115-50386-2

Ⅰ. ①可… Ⅱ. ①彭… ②姜… ③教… Ⅲ. ①网页制
作工具 Ⅳ. ①TP393.092.2

中国版本图书馆CIP数据核字(2018)第282261号

内 容 提 要

本书以 Mugeda 为平台，系统地介绍了可视化 H5 动画页面的设计思路、设计方法与技术实现。

本书共 9 章，主要内容为 H5 页面设计与制作的意义，Mugeda 的操作界面及基本功能应用，基本的 H5 页面制作，H5 动画页面的制作及相关设置，行为、触发事件与交互控制，动画应用，素材优化处理，虚拟现实、微信功能、第三方文字和图的调用等特殊功能，以及曲线图表、幻灯片、计时器等实用工具。

本书为 Mugeda 官方推荐用书，内容全面、案例丰富，具有很强的可读性和实用性，可作为高校相关专业和各类 H5 培训班的教材，也可作为新媒体从业人员自学 H5 页面设计与制作的参考书。

◆ 编　著　彭 澎　姜 旭
　审　定　教育部教育管理信息中心
　责任编辑　李 莎
　责任印制　马振武

◆ 人民邮电出版社出版发行　　北京市丰台区成寿寺路 11 号
　邮编　100164　电子邮件　315@ptpress.com.cn
　网址　http://www.ptpress.com.cn
　河北画中画印刷科技有限公司印刷

◆ 开本：700×1000　1/16
　印张：13.25
　字数：221 千字　　　　　　　　　2019 年 1 月第 1 版
　印数：1 – 6 000 册　　　　　　　　2019 年 1 月河北第 1 次印刷

定价：49.00 元

读者服务热线：(010)81055410　印装质量热线：(010)81055316
反盗版热线：(010)81055315
广告经营许可证：京东工商广登字 20170147 号

　　可视化H5页面的设计与制作技术是建立在HTML5标准基础上的一种具有巨大发展潜力的技术。随着移动通信标准5G的应用，可视化H5页面设计与制作技术的应用和发展空间将更为广阔。

　　本书基于功能全面、操作简单、易学易掌握的可视化H5动画页面专业制作工具Mugeda（木疙瘩）平台，遵循理论结合实际、复杂问题简单化的编写原则，系统且全面地介绍利用Mugeda制作各种精美H5页面的方法。

　　为了帮助读者快速掌握Mugeda的操作方法，深刻领会功能实现与视觉表现的关系，本书立足于实际应用，以任务实例串讲知识点的方式，详细解析H5页面的设计思路、设计方法与技术实现。

　　全书共9章内容。第1章介绍学习H5页面设计与制作的意义；第2章介绍H5开发工具Mugeda的操作界面及基本功能应用；第3章至第9章详细介绍H5页面的设计思路与制作方法，包括属性、元件、组与长数据、加载页、内容页等基本设置，行为、触发事件、动画、素材等高级设置，虚拟现实、微信功能、第三方文字与图片调用等特殊功能，以及曲线图表、幻灯片、计时器等实用工具。

　　在讲解的过程中，力求做到语言通俗易懂、言简意赅。对于前文已介绍过的知识点，后文尽量避免重复介绍；对于重要且经常使用的功能，尤其是Mugeda特有的功能，会多次在任务实例中体现，并通过课堂实训让读者自己尝试练习，以帮助读者消化和巩固所学知识，最终能够融会贯通、学以致用。

　　本书为木疙瘩学院"H5融媒体"课程的官方学习教材，由北京信息技术职业学院彭澎教授和姜旭老师编写，教育部教育管理信息中心审定，并得到了北京乐享云创科技有限公司的大力支持，在此表示衷心的感谢。

　　由于编者水平有限，书中错误之处在所难免，敬请广大读者批评指正。我们的联系邮箱为muguiling@ptpress.com.cn。

编　者

目录
CONTENTS

第1章
为什么要学习H5应用开发技术

1.1 移动互联网与信息传播 1

1.2 智能手机的产生与发展 2

1.3 现在人们为什么离不开智能手机 3

1.4 H5的特征 4

1.5 H5开发及开发工具 5

1.6 H5营销 6

第2章
H5页面制作工具Mugeda

2.1 初识Mugeda 7

2.1.1 Mugeda开发背景 7

2.1.2 动画与交互动画 7

2.1.3 什么是Mugeda 8

2.1.4 Mugeda平台特点 8

2.2 Mugeda的基本功能与应用 9

2.2.1 Mugeda的基本功能 9

2.2.2 Mugeda的应用 9

2.3 体验Mugeda制作H5动画过程 11

2.3.1 操作基本流程概述 11

2.3.2 注册Mugeda账号 11

2.3.3 从创建到发布——制作并发布一个简单的H5作品 12

2.4 Mugeda的界面 17

2.4.1 主界面 17

2.4.2　菜单栏　18

2.4.3　工具栏　21

2.4.4　时间轴　21

2.4.5　舞台与页面栏　22

2.4.6　工具箱　22

2.4.7　属性面板　23

第3章
基本H5页面制作

3.1　属性　25

3.1.1　任务解析——"鹿"字的来历　25

3.1.2　课堂实训——制作H5创意名片　33

3.2　元件　34

3.2.1　任务解析——壁纸设计与制作　34

3.2.2　课堂实训——用元件制作企业宣传招贴　42

3.3　组与长数据　42

3.3.1　任务解析——轮播图片的设计与制作　42

3.3.2　课堂实训——利用长数字制作轮播图片并发布　45

3.4　模板的使用与生成　46

3.4.1　任务解析——利用模板制作端午节粽子营销广告　47

3.4.2　课堂实训——利用模板制作母亲节贺卡　52

第4章
H5动画页面的制作及相关设置

4.1　完整H5作品包含的基本内容　53

4.1.1　加载页　53

4.1.2 内容页 54

4.2 素材导入与使用 54

4.2.1 导入图片 54

4.2.2 导入视频和声音 57

4.3 预置动画 58

4.3.1 任务解析——制作护眼台灯产品广告 58

4.3.2 课堂实训——制作公益广告宣传页面 62

4.4 帧动画 62

4.4.1 任务解析——制作"放飞自我"帧动画 63

4.4.2 课堂实训——制作汽车行驶的移镜头效果 66

4.5 加载页设置 66

4.6 H5发布信息设置 68

4.6.1 任务解析——为"暴饮暴食"H5设置发布信息 68

4.6.2 课堂实训——设计新年晚会H5邀请函，并设置发布信息 70

4.7 屏幕适配 70

4.7.1 手机屏幕尺寸计量与换算 70

4.7.2 手机尺寸与分辨率 70

4.7.3 iPhone 4S手机舞台屏幕适配 71

4.7.4 课堂实训——用横屏显示方式制作龟兔赛跑的H5作品 74

4.8 文件夹管理与使用 74

4.9 层数据缩放与舞台缩放 76

4.10 图层数据调整 81

4.11 标尺与辅助线 82

第5章
行为、触发事件与交互控制

5.1 行为与触发事件 85

5.1.1　帧动画行为控制与触发事件体验　85

5.1.2　任务解析——安全驾驶的交互动画1　88

5.1.3　行为/触发事件实验　93

5.1.4　行为与触发事件介绍　93

5.1.5　课堂实训——安全驾驶的交互动画2　96

5.2　帧行为交互控制　96

5.2.1　任务解析——轮播甲骨文"鹿""虎""比""从"1　96

5.2.2　课堂实训——利用帧行为控制4格漫画的播放效果　98

5.3　页行为交互控制　99

5.3.1　任务解析——轮播甲骨文"鹿""虎""比""从"2　99

5.3.2　课堂实训——利用页行为控制4格漫画播放　101

5.4　多图层帧的交互设计与制作　101

5.4.1　任务解析——轮播甲骨文"从、比、北"　101

5.4.2　课堂实训——种花生小游戏　104

第6章
动画应用

6.1　进度动画　105

6.1.1　任务解析——制作绘制小房子的进度动画　105

6.1.2　课堂实训——制作保护动物的动画广告　106

6.2　路径动画　107

6.2.1　任务解析——制作汽车行驶的路径动画　107

6.2.2　课堂实训——制作汽车动画广告　109

6.3　曲线动画　109

6.3.1　任务解析——制作"和爸爸一起钓鱼"动画　109

6.3.2　课堂实训——制作一个LED灯的H5动画广告　116

6.4　遮罩动画　116

6.4.1　任务解析——制作按钮走光效果　116

6.4.2　课堂实训——按钮走光效果制作　118

6.5　元件动画　119

6.5.1　任务解析——制作飞机群飞动画　119

6.5.2　课堂实训——制作禁烟广告素材元件　121

6.6　图层复制与帧复制　121

6.6.1　任务解析——复制图层　121

6.6.2　任务解析——复制帧　124

6.7　动画控制　127

6.7.1　任务解析——双按钮动画控制　127

6.7.2　任务解析——单按钮动画控制　128

第7章
素材优化处理

7.1　图片压缩处理　130

7.1.1　对PSD 文件进行格式转换　130

7.1.2　对PNG文件进行压缩处理　132

7.1.3　课堂实训——制作一个5页的个人作品集　134

7.2　视频处理　135

7.2.1　从素材库中导入视频　135

7.2.2　调整视频文件大小及播放位置　135

7.3　声音处理　142

7.3.1　声音上传　142

7.3.2　更换添加音效后的声音图标　143

7.3.3　利用"背景音乐"属性添加背景音乐　143

7.3.4　任务解析——音乐播放/暂停控制与按钮设计　145

7.3.5　课堂实训——为7.1.3节课堂实训中完成的作品添加背景
音乐　150

第8章
特殊应用功能

8.1　虚拟现实　151

　　8.1.1　任务解析——制作虚拟场景　151

　　8.1.2　课堂实训——制作室内虚拟场景　161

8.2　网页及手机定制功能　161

　　8.2.1　网页功能　162

　　8.2.2　课堂实训——利用网页功能发布网页　163

　　8.2.3　手机功能　163

　　8.2.4　课堂实训——利用手机功能实现朋友间联络　165

8.3　微信功能　165

　　8.3.1　微信头像处理　165

　　8.3.2　微信昵称处理　166

　　8.3.3　定制图片处理　167

　　8.3.4　录音处理　167

8.4　调用第三方文字和图片　169

　　8.4.1　导入文字　169

　　8.4.2　导入图片　171

　　8.4.3　课堂实训——制作一个游记H5页面　171

第9章
实用工具及其应用

9.1　曲线图表　172

　　9.1.1　任务解析——制作学生成绩曲线图表　172

　　9.1.2　课堂实训——设计制作自己上一周每天的消费支出
　　　　　明细表　175

9.2　表单及统计　175

　　　9.2.1　任务解析——城市人口爱好调查表　**176**

　　　9.2.2　课堂实训——制作本年度受欢迎的旅游景区调查表　**183**

9.3　幻灯片　**184**

9.4　擦玻璃　**185**

9.5　点赞与投票　**186**

　　　9.5.1　任务解析——活动招贴　**186**

　　　9.5.2　课堂实训——设计一个对联点赞页　**188**

9.6　绘图板　**188**

　　　9.6.1　默认绘画板　**188**

　　　9.6.2　自制绘画板　**189**

　　　9.6.3　课堂实训——制作一个H5节日贺卡　**191**

9.7　陀螺仪　**191**

　　　9.7.1　任务解析——制作放飞孔明灯的动画　**191**

　　　9.7.2　课堂实训——设计并制作一个不倒翁小游戏　**194**

9.8　随机数　**194**

　　　9.8.1　任务解析——动态产品广告的设计与制作　**194**

　　　9.8.2　课堂实训——设计制作打地鼠小游戏　**197**

9.9　计时器　**197**

　　　9.9.1　任务解析——制作H5新闻页面　**197**

　　　9.9.2　课堂实训——制作毕业设计作品集　**200**

为什么要学习H5应用开发技术

第 1 章

移动互联信息技术的快速崛起，对人们的生活方式及消费方式产生了巨大的影响。在从传统媒体到新媒体的转变中，移动互联信息技术发挥了举足轻重的作用，它让信息传播进入了一个全新的时代。本章将对移动互联时代信息传播的基本特点，以及移动互联信息技术中的H5的特点、应用和发展前景等进行简单的介绍。

1.1 移动互联网与信息传播

互联网的本质是连接，哪里有网络，哪里就有信息传播和信息连接。这和传统的固定地点、固定时段传播大有不同。拿简单的朋友圈传播而言，现在不管你身居世界上的哪个角落，只要接上网络，就可以随时随地接收各种精彩的信息，也可以随时随地实现信息的即时沟通。这是人类信息传播发展历程的一个跨时代的巨变。

信息传播的又一次巨变来自移动互联网。在移动互联网发展到4G时代，并即将迎来5G时代的今日，它对人类社会的影响非常大，几乎可以认为，没有移动互联网，人类社会可能会变得混乱不堪。因为从信息传播的角度看，移动互联网相比任何信息传播技术都有其独特的优势。

1. 不受时间、空间限制

移动互联本身所具有的特点就是信息传播不受地理位置和传播时间的限制，因此，不论身在何处，不论什么时间，只要连接网络，就可以接收各种信息，实现人与人之间的即时沟通，这是移动互联网最重要的特点。

2. 传播即时性

移动互联网上的信息传播方式与报纸、杂志、书籍、广播、电视等传统信息传播方式有很大的差别。传统的报纸、杂志、书籍、广播、电视等所传播的信息，都需要提前进行专业制作，并且用户在阅读、观看时会受到各种条件的限制。而移动互联网的信息传播，不仅能够传播图、文、视频、声音、动画等各种媒体内容，而且在内容制作和内容发布方面，可以实现即时生产、即时上传、即时传播。

3. 交互性

传统媒体的信息传播基本都是单向的，接收者具有"被迫"接收和"强制"接收的特点。对于移动互联网的信息传播，信息接收者可以参与传播过程，如发表评论、互动等，实现从单纯的信息接收者变成信息的传播者、内容的制作者。

4. 制作和传播成本低、速度快

移动互联网的信息传播制作技术，如H5页面制作技术，使制作多媒体作品变得越来越简单，不需要编码，不需要专业人员，只需要通过简单的短期培训或自学就可以掌握多媒体作品的制作方法，同时制作好的作品可借助微信发布及阅读。

1.2 智能手机的产生与发展

移动互联网技术的产生与发展是智能手机产生与发展的基础和前提。自全球首款智能手机"IBM Simon"于1994年由美国IBM公司投放市场以来，短短的20年间，智能手机的软硬件、用户体验都发生了颠覆性的变化。

下面以iPhone手机为例来介绍智能手机的发展和变化。

1. 屏幕尺寸和性能

第一代 iPhone屏幕的尺寸是3.5英寸（约89毫米），分辨率是320像素×480像素，屏幕像素密度是91像素/英寸，1600万色的TFT触控屏。第十四代iPhone X的屏幕为无边框，尺寸是5.8英寸（约147毫米），采用OLED技术，分辨率是2436像素×1125像素，屏幕像素密度是458像素/英寸。

2. 外观变化

第一代iPhone的外观尺寸是115毫米×61毫米×11.6毫米，重量是135克，机身材料是金属材质。第十四代iPhone X的外观尺寸是143.6毫米×70.9毫米×7.7毫米，重量是174克，机身前后都是增强性玻璃面，外框是一个连续的不锈钢带。iPhoneX保留了顶部的听筒、自拍相机和传感器，取消了Home键，Face ID取代了集合在Home键上的Touch ID功能。

3. 操作系统及处理器性能变化

第一代iPhone采用iOS 2.0操作系统，CPU为ARM11，CPU频率为416Hz，运存（程序运行的存储空间）为128MB，内存有4GB和8GB两个版本。第十四代iPhone X操作系统目前已升级到iOS 11.1，并采用A11 Bionic处理器，在此处理器中，内置了一系列的处理核心和复杂的控制器，并且每一个都针对特定的任务进行优化，其中包括一个每秒运算次数高达6000亿次的神经网络引擎。iPhone X拥有3GB的运存，内存有64GB和256GB两个版本。

4. 拍摄性能变化

第一代iPhone采用单摄像头，后置摄像头是200万像素，支持视频拍摄、连拍、滤镜、自动对焦和数码变焦。而第十四代iPhone X采用后置双1200万像素摄像头，广角镜头光圈为F1.8，可以以60帧/秒的速度拍摄4K视频，也可以以240帧/秒的速度拍摄1080P慢动作视频。长焦镜头光圈升级至F2.4，可以拍出更加令人惊叹的照片。双镜头均支持光学防抖，并且采用4个LED补光灯。零延迟的快门，可以更加准确地抓住关键瞬间。两个后置镜头都具有光学图像防抖功能，而且反应更快，即使在弱光下，也能拍出效果出众的照片和视频。前置摄像头为700万像素，光圈为F2.2，拥有景深识别功能，人像光效功能根据摄影布光的基本原则，结合运用深度感应摄像头和面谱绘制等复杂的软硬件，生成逼真的影棚级光效。

5. APP应用变化

第一代iPhone不支持3G网络，无复制、粘贴以及音乐等功能。如今，不仅是第十四代iPhone X，多款智能手机都可以当作电脑使用，功能非常强大。这是由于智能手机具有与电脑相同的安装和卸载应用程序的特点。应用程序可以提供各种各样的功能，如游戏、地图、娱乐、导航、新闻、天气预报等。使用者能够根据需求安装相应的应用程序，这样极大地扩展了智能手机的应用范围，使智能手机用户可以随时随地像使用电脑一样使用手机工作、学习以及享受各种信息服务。

1.3 现在人们为什么离不开智能手机

通信技术的快速发展加速了智能手机的普及，使用智能手机已经成为人们日常生活中的重要内容。当你迷路的时候，手机能为你提供准确的行走路线；当你想出门旅行的时候，手机能为你提供旅行参考建议；当你需要购买飞机票、火车票、电影票、公园游览票等的时候，打开手机，利用相应的APP就能完成购票操作；当你购物的时候，打开手机，扫个二维码就能完成付款；当你想阅读的时候，打开手机，随时随地都可以进行……智能手机的出现，给人们的生活、工作带来了极大的便利。

1.4　H5的特征

　　HTML5是"超文本标记语言"的英文缩写，是指第5代HTML，也指用H5语言制作的一切数字产品。人们上网所看到的网页，多数都是用HTML编写的。浏览器通过解码HTML，就可以把网页内容显示出来。H5是包括HTML、CSS、JAVA在内的一套技术组合。其中，"超文本"是指页面内可以包含图片、链接，甚至音乐、程序等非文字元素；"标记"是指这些超文本必须由包含属性的开头与结尾的标志来标记；CSS是层叠样式表单，任何网页都需要CSS。

　　H5页面最大的特点是跨平台，开发者不需做太多的适配工作，用户也不需要下载，打开一个网址就能访问。H5提供完善的实时通信支持，具体表现在以下几个方面。

　　1. 环境优势

　　H5安装和使用APP灵活、方便；增强了图形渲染、影音、数据存储、多任务处理等处理能力；本地离线存储，浏览器关闭后数据不丢失；强化了Web网页的表现性能；支持更多插件，功能越来越丰富。H5兼容性好，用H5的技术开发出来的应用在各个平台都适用，且可以在网页上直接进行调试和修改。

　　2. 多媒体应用特点

　　原生开发方式对于文字和音视频混排的多媒体内容处理相对麻烦，需要拆分文字、图片、音频、视频，解析对应的URL（统一资源定位符）并分别用不同的方式进行处理。H5则不受这方面的限制，可以将文字和音视频放在一起进行处理。

　　3. 图像图形处理能力

　　H5支持图片的移动、旋转、缩放等常规编辑功能。利用H5开发工具，一个非专业的人士在很短的时间内也可以轻而易举地完成动画、虚拟现实，以及交互页面等复杂页面的设计与制作。

　　4. 交互方式

　　H5提供了非常丰富的交互方式，不需要编码，按照开发工具中提供的提示信息，通过简单的配置就可实现各种方式的交互。

5. 应用开发优势

利用H5开发和维护APP成本低，时间短，入门门槛低，并且升级方便，打开即可使用最新版本，免去重新下载、升级的麻烦。

6. 内容及视觉效果

H5支持字体的嵌入、版面的排版、动画、虚拟现实等功能。特别要强调的是，动画、虚拟现实是媒体广告、品牌营销、活动推广、网页游戏、网络教育课件中的重要表现形式，在PC互联网时代，这些内容基本都是由Flash来制作。但移动互联网主流的移动操作原生系统一般不支持Flash，Adobe公司也放弃了移动版Flash的开发，这促使H5成为移动智能终端上制作和展现动画内容的最佳技术和方案。

7. 传播推广

H5页面推广成本低，传播能力强，视觉效果好。推广只需一个URL链接，或一个二维码即可，实时性强，是各种组织机构进行活动宣传、企业品牌推广和产品营销的利器。

1.5　H5开发及开发工具

在H5出现之前，特别是H5开发工具出现之前，一款原生APP的开发需要经历需求分析、UI设计、应用开发、系统测试、试运行等阶段才能够完成并使用。平均每个阶段需要2至3周才能完成，计算下来，完成一款APP的开发大约需要两个月，更为要命的是开发APP一般只有专业能力极强的人才能完成。不仅如此，一款APP的应用时效通常非常短，因此，投入大量的资金，耗费2个月左右的时间是非常不划算的。对于活动推广、新产品发布等宣传、营销活动，如何有效地开发APP是很令人头疼的事情。

从上述对H5特点的介绍中可以看出，H5开发工具很好地解决了开发时间、开发费用，以及开发人员的问题。一款含有动画、音/视频、图像等的APP，制作用时短，发布方便，使用方便。

目前，市场上有多种H5开发平台，这些平台为开发H5页面提供了有力的支持，使H5的开发变得轻松、简单、方面、快捷，并且成本低。例如，易企秀、MAKA、Mugeda等，这些开发平台都有各自的特点。

简单、方便、易操作、易掌握、功能强大的H5开发工具，为普通人开发精美的H5页面提供了技术基础。同H5应用需求的发展一样，未来的H5页面开发与制作会像如今人们使用Word文档一样普及。这就是人们为什么要学习H5开发工具，掌握H5页面制作技术的原因。

1.6 H5营销

我们打开手机，在头条、腾讯以及微信朋友圈中看到的那些精美的带动画特效、有音乐、有视频，点开后可以滑动翻页、带各种特效的内容，包括企业产品广告、企业介绍、活动宣传、品牌推广，以及新闻、小游戏、教育咨询、纪念相册、PPT课件、婚礼请帖等，这些基本上都是用H5制作的。这些用H5制作的精彩的内容，被称为H5场景。H5场景所展示出的视觉效果精美、有趣、互动性强，能够让用户不再只是枯燥乏味地阅读内容。H5场景很容易引发用户的阅读和分享兴趣。

H5页面的传播性极强，一个优秀的H5页面在很短的时间内甚至可以达到数亿的曝光量。

H5页面还具备各种数据收集功能，如前台有调查问卷、会议报名等表单，后台有数据统计功能，用户可以清晰地看到H5场景的曝光量、链接点击、填表数量等信息。除功能和效果外，不论在价值，还是在成本、时间、人力等方面，H5营销都有其绝对的优势，如表1.1所示。

表1.1 传统营销与H5营销对比

项目	传统营销	H5营销
形式	主要是纸张、视频及动画，互动性差，与用户有距离感	综合艺术、交互性、穿插呈现，互动性强，有极强的表现力和吸引力
传播速度	受时间、空间限制	传播速度快。有智能手机和网络覆盖，就可立即传送到达
浏览量及传播效果	受时间、空间限制	可以迅速大量传播，传播效果好
投资	投资大，包括人力、播放渠道等的投入	投资少，包括人力、播放渠道等的投入
开发时间	开发时间长，需要经过多个开发阶段	开发时间短，开发简单、快捷
实时性	实时性弱	实时性强。开发时间短，有利于营销。开发完成后，可立即发布传播
人力	对开发人员的专业能力要求高，人力投入多	开发人员门槛低，人力投入少

由此不难理解，为什么现在很多商家企业都在努力研究制作H5场景，利用H5来实现营销目的了。

H5页面制作工具 Mugeda

Mugeda是一个在功能和H5页面制作方面都有显著优势的在线H5页面制作云平台。本章将介绍Mugeda的研发背景、特点、基本功能和应用等内容。通过本章的学习，读者可以对Mugeda平台有一个基本的认识和了解。

2.1 初识Mugeda

2.1.1 Mugeda开发背景

目前，H5在制作交互动画的过程中存在的最主要的问题有两个：一是制作动画效果时，需要高水平的专业技术人员编写程序；二是随着H5应用需求的不断扩大，技术人员严重短缺，并且制作效率低，很难满足用户的实时性要求。而Mugeda平台则很好地解决了上述问题。

2.1.2 动画与交互动画

动画，简单地说就是能够"动"的画面。它通过采用各种技术手段，如人工手绘、电脑制作等，在同一位置，用一定的速度，连续、顺序地切换画面，使静态的画面"动"起来。

数字动画是相对于传统动画而言的，传统动画通常是指运用某种技术手段将手工绘制或手工制作的实体（如图画、皮影、泥塑等）制作成动画。如果在动画制作的全过程，所采用的技术和设备主要是计算机及其相关设备，则制作出的动画就被称为数字动画。

交互，简单地说，就是交流互动。其中，交是指交流，互是指互动。交互也可以理解成"对话"。在信息技术中，交互是指操作计算机软件的用户通过软件操作界面，与软件对话，并控制软件活动的过程。

目前，交互动画通常是指数字动画，它与非交互动画的区别主要在于，对于交互动画，受众可以有选择性地观看，或对动画进行控制，而不是被动地接受动画。因此，交互动画能给受众带来趣味感和体验感。

2.1.3 什么是Mugeda

制作交互动画需要有相应的集成开发环境（Integrated Development Environment，IDE），HTML程序开发主要用IDE实现。IDE是用于程序开发的工具，是集代码编写功能、分析功能、编译功能、调试功能等于一体的开发软件服务套件，一般包括代码编辑器、编译器、调试器和图形用户界面等工具。

Mugeda是一个可视化的H5交互动画制作IDE云平台，内置有功能强大的应用程序编程接口（Application Programming Interface，API），是一些预先定义的函数。目的是提供应用程序与开发人员基于某软件或硬件得以访问一组例程的能力（而又不需要访问源码，或理解内部工作机制的细节），Mugeda拥有非常强大的动画编辑能力和非常自由的创作空间，不需要任何下载、安装操作，在浏览器中就可以直接创建有丰富表现力的互动动画，可以帮助设计人员和设计团队高效地完成面向移动设备的H5交互动画的制作发布、账号管理、协同工作、数据收集等。

2.1.4 Mugeda平台特点

Mugeda平台具有下面6个特点。

1. 使用便捷

Mugeda平台不需要任何插件，也不需要下载、安装，直接在支持H5的浏览器下即可进行H5交互动画的制作。

2. 易学易掌握

Mugeda平台创作界面可视化程度高，布局简单合理，便于操作和掌握，适合各层次的人员学习。即使没有程序开发的知识和能力，也不必担心，仅需基本的培训就能够掌握系统的操作，学会H5交互动画的制作。对于有Flash知识和技能的设计师来说，则不需任何培训，就可以直接利用Mugeda平台进行专业级的H5交互动画的制作。

3. 功能强大

Mugeda平台具有处理文字、图像、音频、视频等简单的功能，还具有专业级动

画制作、交互、虚拟现实制作、微信发布等各种复杂的功能。

4. 平台适应性强

Mugeda平台适用于所有浏览器，全面兼容移动设备，如iOS、Andriod、Windows、WebOS等系统，一次开发，多平台部署。Mugeda平台支持HTML5 Canvas、CSS3、Video、PNG、SVG等格式输出，能满足不同的开发需求。

5. 创作途径多样、灵活

Mugeda为开发人员提供了多种制作H5交互动画的方式，如在舞台上（编辑窗口）制作，利用平台提供的模板制作，或者自行编写代码制作等，适合各行各业的设计制作人员使用。

6. 制作H5交互动画简单、快捷

快速进行高水准的H5交互动画的制作并实现实时性的发布是Mugeda平台的一个重要特征。

2.2　Mugeda的基本功能与应用

2.2.1　Mugeda的基本功能

在Mugeda平台上，不仅可以制作H5作品，还可以发布作品，共享作品，导出作品，共享素材和管理素材。Mugeda在H5页面制作方面，其主要功能如表2.1所示。

表2.1　Mugeda主要功能

功能	项目
完整H5页面制作与发布	加载页制作、H5页面设置、发布H5作品
动画制作	预置动画、帧动画、元件动画、进度动画、路径动画、曲线动画
交互	动画控制、页面控制、媒体（图、文、音视频等）交互控制
专项应用	虚拟现实、网页功能、手机功能、微信功能、幻灯片功能、曲线图表、调用第三方文字
实用工具	擦玻璃、点赞、绘图板、随机数、计时器、陀螺仪
资源共享：模板与资源库	模板的使用、模板的生成、资源的使用、资源库的建立

2.2.2　Mugeda的应用

作为可视化H5交互动画内容制作平台，Mugeda在应用方面具有社交分享便利，传

播性强，用户感官体验丰富，互动性好，制作及传播成本低，利于效果追踪以及数据反馈方便等多方面的优势。对企业产品营销、企业宣传、活动介绍、新闻发布、数字出版以及教育培训等活动来说，交互动画虽然不是必需品，但交互式动画可以为企业和个人在互联网应用上提供足够的功能及灵活性，交互式动画能够将文字叙述以形象且逼真的动画方式呈现出来，让死板的静态画面"动"起来，使僵硬、死板的宣传、新闻报道、抽象的原理、变得生动、直观、风趣。

1. 企业宣传和产品营销

交互动画制作速度快，制作成本低，发布及时，传播迅速，便于更新。直观、生动、形象、趣味性强的集图、文、声音、视频、动画为一体的H5交互动画，还能给用户带来新的心灵体验。因此，H5交互动画对企业来说是宣传企业、推广产品，提高企业竞争力，建立品牌的重要手段。

2. 教学

交互动画，能够将那些难以理解的、抽象的、无法通过实验表现的，以及由于危险、有害或无条件进行实验的科学原理形象、生动、直观、风趣地呈现出来，此外，利用移动端设备可随时随地多次浏览。H5交互动画平台具有易学、易掌握的特点，不论何种学科的教师都能够在极短的时间内，轻松地掌握H5交互动画的制作方法，使H5交互动画制作成为教学不可缺少的重要部分。

3. 出版

以激光照排和印刷技术作为支撑的传统的出版物和以计算机数字技术为技术手段的数字出版物，传达的信息以及带给观者的视觉感受和审美体验都是单向的，观者仅仅是视知觉信息接收者。虽然数字出版将传统出版物中仅有图文对应的创作方式改变为文字、图片、视频、音频、动画等创作方式，但创作者与读者之间的关系并没有发生变化，读者还是只能被迫接受出版物所传达的信息。H5交互动画的出现，极大地改变了读者的阅读方式，为人们的生活提供了极为丰富的体验，使读者与创作者有了深层次的情感和观念的交流。读者甚至在阅读时，可以根据个人对作品的理解对作品进行二次创作。

4. 新闻

基于H5技术的交互动画新闻，不仅仅是一种将图、文、动画、视频、音频等进行组合而形成的新闻，其最核心的特征是新闻具有交互性。交互性新闻直观、生动、风趣、可读性强，对读者有巨大的吸引力。此外，交互性新闻还具有引导性，可使读者参与其中。总之，基于H5技术的交互动画新闻，进一步突破了传统新闻的内容展示形式，也突破了人们阅读新闻的方式，开创了新闻新的表达方式，是新闻传播以及扩大新闻影响力的重要手段。

此外，基于H5技术的交互动画产品，在医疗、旅游、地产、商业、服务、科普、艺术等各领域都具有广泛的应用前景。

2.3　体验Mugeda制作H5动画过程

2.3.1　操作基本流程概述

Mugeda操作简单、便捷，无论身处什么地方，只要能连接上互联网，就可以进行H5动画的制作，并通过网络实时发布。Mugeda平台的操作流程如图2.1所示。

2.3.2　注册Mugeda账号

（1）在浏览器的地址栏中输入"www. mugeda. com"，如图2.2所示，按【Enter】键进入Mugeda平台的主页面，如图2.3所示。

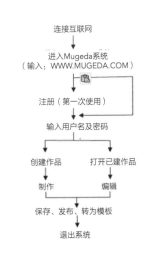

图2.1　Mugeda平台的操作流程

图2.2　输入Mugeda的网址

要点提示　输入"MUGEDA""Mugeda"或"mugeda"均可，不受字母大小写的限制。

图2.3　Mugeda系统主页面

（2）单击【注册】按钮，弹出注册账号界面，如图2.4所示。用户可以先阅读
Mugeda的使用条款，如果接受该条款，
即可开始进行注册。用户可依次输入手机
号码和图形验证码，接着输入手机收到的
验证码，然后再设置密码，完成后单击
【注册】按钮，即可获得一个免费的
Mugeda账号。

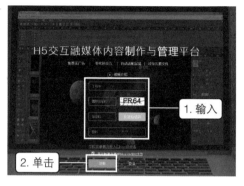

用户注册成功后就可以使用Mugeda
进行H5动画的制作与管理了。

图2.4　输入注册信息

2.3.3　从创建到发布——制作并发布一个简单的H5作品

下面将通过一个实例来介绍利用Mugeda系统制作H5交互动画的过程，以便读者
对此有一个初步的认识和了解。

1. 登录Mugeda

（1）进入Mugeda平台首页，输入用
户名和密码，单击【登录】按钮，如图
2.5所示。

要点
提示　用户名即为注册Mugeda账号时所使
用的手机号码。

（2）登录成功后，进入【我的作
品】界面，如图2.6所示。

图2.5　登录页面

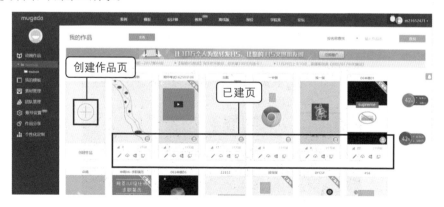

图2.6　【我的作品】界面

2. 创建作品

单击【创建作品】按钮，进入制作页面，如图2.7所示。

菜单栏　工具栏　时间线　　　　　舞台　　　　　属性　元件

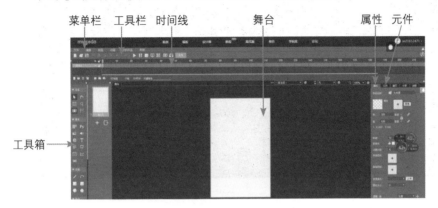

工具箱

图2.7　制作页面

3. 制作我的第一个H5页面

在制作界面中，将鼠标指针移至界面左侧的工具箱中，选择"绘制"组中的 〇
按钮，按住鼠标左键将其拖曳至舞台，即可绘制一个圆形，如图2.8所示。

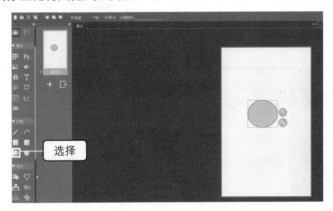

选择

图2.8　绘制一个圆形

4. 命名与保存

在工具栏中，单击【保存】按钮，舞台上会弹出【保存】对话框，在该对话框
的名称输入框中输入"圆"，然后单击【保存】按钮，如图2.9所示。

5. 返回作品界面

（1）在制作平台中，将鼠标指针移至舞台右上角账号右侧的下拉按钮 位置，
屏幕中自动弹出下拉列表，单击【我的工作台】按钮，如图2.10所示。

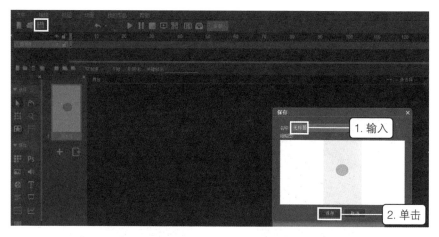

图2.9　命名为"圆"并保存

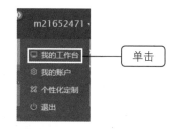

（2）返回到【我的作品】界面，即可看见刚刚制作的动画作品"圆"，它显示在【我的作品】列表中，如图2.11所示。

图2.10　单击【我的工作台】按钮

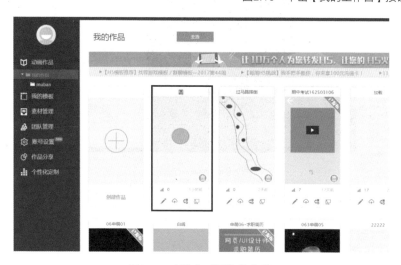

图2.11　名称为"圆"的作品

（3）在每个作品的下方，都有【编辑】【查看发布地址】【转为模板】和【推广案例】等按钮，如图2.12所示。

① 对已建作品进行编辑。单击【编辑】按钮 ✐，即可进入制作界面重新对作品进行编辑。

② 发布。单击【查看发布地址】按钮 ☁，即可进入发布界面，如图2.13所示。在该界面中，用户可使用微信扫描功能能扫描二维码，或者单击【复制】按钮复制发布链接地址，将作品发布到微信或网页中。

③ 转为模板。单击【转为模板】按钮，弹出【转换为模板】对话框，提示作品转换为模板成功，如图2.14所示。

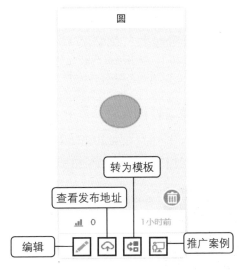

图2.12　页面下方的按钮

图2.13　发布界面

图2.14　【转换为模板】对话框

要点提示 单击该对话框中的【我的模板】链接，可在模板列表中查看刚刚转换成功的模板。模板可以无限次地被提取使用。单击该对话框右上角的【关闭】按钮 × ，则表示放弃生成模板。

④ 查看模板列表。单击【我的模板】选项，即可看到刚生成的模板已列入【我的模板】列表中，如图2.15所示。

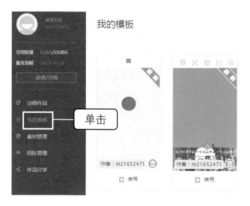

图2.15 【我的模板】列表

⑤ 案例推广，加入空间。

a. 单击【推广案例】按钮，弹出如图2.16所示的提示对话框。

图2.16 提示对话框

b. 单击【确定】按钮，弹出【加入空间】对话框，如图2.17所示。

c. 单击【选择场景】后面的 ❭ 按钮，可选择场景项，如图2.18所示。

图2.17 【加入空间】对话框

图2.18 选择场景

d. 单击【选择功能】后面的 ❭ 按钮，可选择功能项，如图2.19所示。

图2.19 选择功能

e. 单击【选择行业】后面的 ❭ 按钮，可选择行业项，如图2.20所示。

f. 选择完成后，单击【上传作品封面】按钮，在弹出的【打开】对话框中选择一个合适的封面，单击【打开】按钮，如图2.21所示。

图2.20　选择行业

图2.21　选择上传作品封面

要点提示 封面文件的大小需限制在50KB以内，若所选图片文件的大小超出限制范围，则会弹出如图2.22所示的提示框。此时，用户可另选符合要求的图片，也可放弃上传作品封面的操作。

图2.22　上传作品封面大小超出规定范围

2.4　Mugeda的界面

2.4.1　主界面

Mugeda的主界面由菜单栏、工具栏、时间轴、工具箱、舞台、属性面板等组成，如图2.23所示。

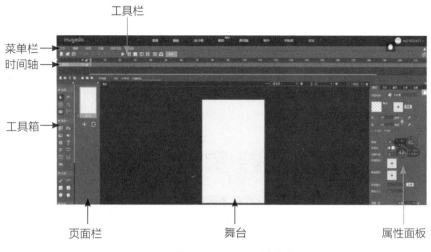

图2.23　Mugeda的主界面

2.4.2　菜单栏

菜单栏包含文件、编辑、视图、动画、功能演示等菜单命令。

1. 【文件】菜单

单击【文件】菜单，弹出如图2.24所示的下拉菜单。

图2.24　【文件】下拉菜单

（1）"作品版本"用于记录作品修

改的情况，从中可以看到所有修改的版本，单击不同版本的修改时间即可切换到相应版本。

（2）"文档信息"中包括渲染模式、发布模式、旋转模式、自适应等选项。【文档信息选项】对话框如图2.25所示。

图2.25　【文档信息选项】对话框

① 在【文档信息选项】对话框中，转发标题、转发描述、内容标题和预览图片是H5页面中的信息。

② "渲染模式"有4种，分别是标准、嵌入、内联、弹出，如图2.26所示。

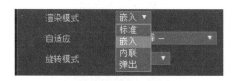

图2.26　渲染模式

其中，"标准"指单个网页引用；"嵌入"指可以嵌入标签（iframe）元素中；"内联"指通过JavaScript的方式加载动画；"弹出"指弹出对话框以显示动画。

③ "自适应"用于设置作品在屏幕上的显示方式，如图2.27所示。

图2.27　【自适应】选项

④ "旋转模式"用于确定在手机里作品是以横屏显示还是以竖屏显示。

（3）"导入"功能是指在制作H5动画的过程中，用户可将所需的各种素材导入到舞台上，包括图片、视频、声音、脚本等，如图2.28所示。

图2.28　【导入】选项列表

（4）"导出"包括导出HTML动画包、GIF动画、视频、PNG（当前帧）等，如图2.29所示。单击工具栏的【导出】按钮，或者执行菜单栏的【文件】→【导出】→【动画】命令，可以把动画包的ZIP文件下载到本地，解压缩后即为动画包的文件夹。

图2.29　【导出】选项列表

2.【编辑】菜单

【编辑】菜单下包括撤销、重做、剪切、复制、锁定物体、全部解锁、排列、对齐、变形、组、声音等命令。下面只介绍其中几个比较特殊的命令。

① 锁定物体。选择舞台上需锁定的物体，执行【编辑】→【锁定物体】命令，即可将物体锁定。锁定物体后，不能对其进行位置、大小等属性的调节。执行【编辑】→【全部解锁】命令，可解锁舞台上所有被锁定的物体。

② 排列。用于排列舞台上各个物体所在的图层的顺序。例如，选择舞台上的某个物体，执行【编辑】→【排列】→【上移一层】命令，即可将该元件上移一层。

③ 对齐。用于调整舞台上的各物体之间的对齐方式，包括左对齐、右对齐、上对齐、下对齐等。选中需对齐的物体，执行【编辑】→【对齐】→【右对齐】命令，即可实现物体右对齐的效果。

④ 变形。有左右翻转和上下翻转两种变形方式。选中需翻转的物体，执行【编辑】→【变形】→【左右翻转】命令，即可将物体左右翻转。

> **要点提示** 排列、对齐、变形等操作也可通过右键快捷菜单命令实现，方法：直接在舞台上选中物体，单击鼠标右键，在弹出的快捷菜单中选择相应的命令。

3.【视图】菜单

【视图】菜单中包括工具条、工具箱、标尺等命令，如图2.30所示。选择【标尺】命令，舞台上会出现标尺，便于排版等操作。

4.【动画】菜单

【动画】菜单中包括插入关键帧动画、删除关键帧动画、插入进度动画、删除进度动画等命令。其与Flash软件中相应功能的操作方法类似，如图2.31和图2.32所示。

图2.30 【视图】下拉菜单

图2.31 【动画】下拉菜单前部分

图2.32 【动画】下拉菜单后部分

5.【功能演示】菜单

功能演示中包括快捷键、交互教程。交互教程下有Mugeda的相关教程讲解。

2.4.3　工具栏

Mugeda的工具栏如图2.33所示。这里仅介绍几个比较常用的工具。

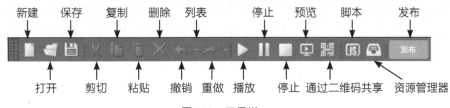

图2.33　工具栏

1. 新建

单击【新建】按钮，弹出如图2.34所示的对话框。在该对话框中可以对移动终端（如手机屏幕）的显示进行适配。

图2.34　新建对话框

2. 打开

单击【打开】按钮，弹出如图2.35所示的【我的作品】列表。在该列表中单击选择一个作品，即可将其调入Mugeda舞台。

3. 脚本

单击【脚本】按钮，可添加JS脚本代码。对初学者来说，此功能暂时用不到。

4. 资源管理器

资源管理器的作用是对整个作品进行管理，包括编辑作品后每一页的管理目录。

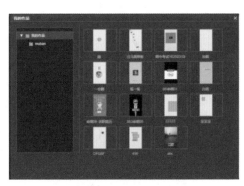

图2.35　【我的作品】列表

2.4.4　时间轴

时间轴是交互动画制作的核心工具。其基本原理如下：设置一个垂直堆叠的轨道（图层），在这些轨道中分别排列动画、视频、音频和图片等，制作者在系统提供的一条按时间、帧顺序排列的线上对不同轨道上的资源进行行为（动作）设置、剪辑，从而得到制作者所希望的动画、视频效果，时间线如图2.36所示。

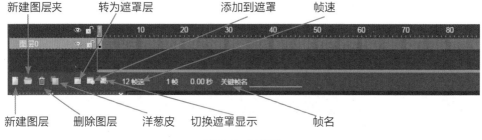

图2.36　时间线

其中，洋葱皮是用来确定前后图层之间的位置关系的。

2.4.5　舞台与页面栏

舞台是播放、编辑制作交互动画作品的场所。页面栏可用于对当前在舞台上制作的作品页进行管理，包括缩微显示页面、添加新页面、从模板添加页面、预览页面、复制页面、插入页面和删除页面等。

2.4.6　工具箱

工具箱中提供了各种制作工具，如选择工具、媒体工具、挂件工具、表单工具等。这里仅介绍几款常用工具的功能，如图2.37所示。

• 【导入声音】工具 🔊：用于导入声音素材，上传音频的方法与上传图片的方法类似。

• 【导入视频】工具 🎞：用于导入视频素材，上传视频的方法与上传图片的方法类似，用户可以单击该按钮，打开导入视频的对话窗口，单击选择文件，选择一个已准备好的MP4格式的视频，尽量使视频大小在5MB之内，用比较小的分辨率和码率。

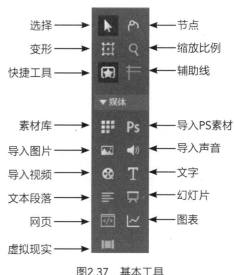

图2.37　基本工具

• 【文字】工具 T：可以创建和编辑文字。

• 【表单】工具 ☑：用于在网页中收集数据。可以让用户输入数据，数据上传到网站服务器后进行反馈和处理。

• 【定时器】工具 ⏱：可以设定时间的精度，如秒和毫秒，计时方式可倒计时、顺计时，也可随机，还可设置循环与否。

- 【随机数】工具：文本值为随机变化的数字，可以只变化一次，也可以每间隔一段时间变化一次。

- 【陀螺仪】工具：为创建陀螺仪功能。Mugeda制作的动画可以支持手机的陀螺仪功能，要想使用该功能，可以使用陀螺仪控件来实现。手机的陀螺仪可以提供围绕x、y、x 3个轴的旋转角度，x轴是横向的轴，y轴是纵向的轴，z轴是垂直于手机屏幕的轴。利用陀螺仪功能可以在空间中得到分别围绕x、y、z轴旋转的角度。

- 【幻灯片】工具：为幻灯片功能，这里所谓的幻灯片指的是在动画中可以通过滑动翻页显示一组图片的控件。

- 【输入框】工具：很多动画需求中会有需要服务器端收集用户信息的需求，需要能够让用户填写表单并保存到服务器的某个地方。这一需求可以用Mugeda的自由表单来实现。

- 【网页】工具：如果想在动画中嵌入其他网页，可以通过使用网页控件来实现。

- 【擦玻璃】工具。如果想在作品中实现擦玻璃的效果，即刮掉第1层图片，露出底下的第2张图片，并在刮完的时候触发行为。

- 【点赞】工具：Mugeda支持点赞功能，可以直接在动画中加入点赞的

控件实现点赞功能，点赞人数会实时显示在动画中。

- 【绘画板】工具：如果想在作品中使用手绘图的功能，可以使用Mugeda的绘画板控件。

2.4.7　属性面板

属性面板中包括属性、元件、翻页、分享和加载等属性选项，如图2.38所示。

图2.38　属性面板

1. 属性

不同素材，如文字、图像、视频、动画等，其各自所具有的属性是不同的。在制作的过程中，舞台上激活的素材（对象）不同，【属性】面板中所显示出的内容是不同的。属性栏的功能是用于配置素材特征的，如对文字来说，属性设置包括字体、字号、颜色等。

2. 元件

元件，可以被理解为是功能独立的，可以被直接使用的功能单元，如图2.39所示。马.mp4、羊.mp4、虎.mp4等都是可直接使用的mp4格式的动画单元。

图2.39　元件

3. 翻页

翻页功能是设置交互动画中页之间的切换方式的，如图2.40所示。翻页方式可选择对话框中的一种。

4. 分享

分享功能是用于对H5页面的发布信息进行设置的，如图2.41所示。

图2.40　翻页

图2.41　分享

5. 加载

加载页功能是用于设计加载进度条显示方式的，如图2.42所示。

图2.42　加载

基本H5页面制作

对学习者来说，属性、元件、组与长数据以及模板是必须要掌握的知识，因为这部分知识是应用Mugeda制作H5页面的基础。

3.1 属性

属性简单地说就是事物的性质，如事物的形状、颜色、气味、善恶、优劣、用途等，都是事物的属性。在交互动画制作平台中，属性针对的是文字、图形图像、视频、动画、声音等对象，这些对象（或称物体）的属性各不相同。在制作交互动画的过程中，需要对对象的属性进行设置。本节将通过一个实例来介绍文字、图像和视频属性的设置方法。其他对象的属性设置方法将在后续章节中介绍。

3.1.1 任务解析——"鹿"字的来历

本实例将制作一个介绍中国汉字"鹿"字来历的H5页面。该页面由甲骨文"鹿"字的图片、文字标题和"鹿"字讲解视频组成，该实例的最终效果如图3.1所示。

任务目的 掌握文字、图像和视频属性的设置方法。

图3.1 效果图

操作步骤

1. 准备素材和登录Mugeda

（1）准备素材

本任务需要的素材包括图片和视频文件，如图3.2所示。

（2）登录Mugeda

打开浏览器，在地址栏中输入"www. mugeda.com"并按【Enter】键，在Mugeda登录界面中输入账号和密码，然后单击【登录】按钮。

（3）【我的作品】界面

登录后，单击【我的作品】选项，进入【我的作品】界面，如图3.3所示。

（a）甲骨文鹿字图片　　（b）鹿字视频

图3.2　素材资料

图3.3　【我的作品】界面

（4）【舞台】界面

单击图3.3中的【创建作品】按钮，进入【舞台】界面，如图3.4所示。

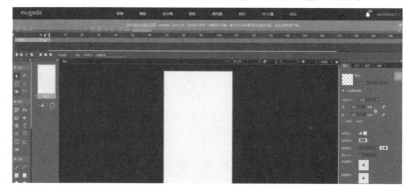

图3.4　【舞台】界面

（5）给页面添加背景色

单击【属性】面板→【背景色】选项，在背景色面板中可以选择一种合适的背景色，也可以在R、G、B色值框中输入具体的数值来确定想要的背景色，如图3.5所示。

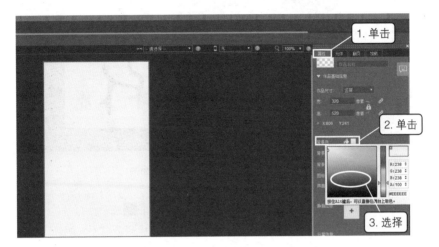

图3.5 添加背景色

2. 导入素材和输入文字

（1）导入素材

1）导入图片。

单击【导入图片】按钮，选择需要的图片，单击【添加】按钮，如图3.6所示。导入图片后的效果如图3.7所示。

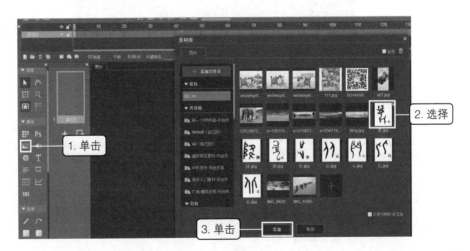

图3.6 添加图片

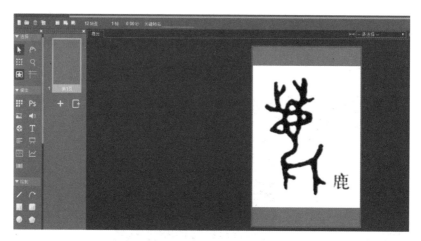

图3.7 "鹿"字图片添加到页面中

要点提示 如果素材库中没有所需的图片，则可单击图3.6中的 ■ 按钮，打开【上传图片】对话框，在"文件夹"下拉列表中找到所需图片所在的文件夹，选中图片，并将所选图片拖入到【上传图片】对话框内即可，如图3.8所示。

图3.8 【上传图片】对话框

2）调整图片大小和图片位置。

① 将鼠标指针移至图片中的任意位置并单击，将图片选中，如图3.9所示。

② 单击【变形】按钮 ▦ ，如图3.10所示。

③ 拖动鼠标指针，将图片按需求进行变形和位移处理，如图3.11所示。

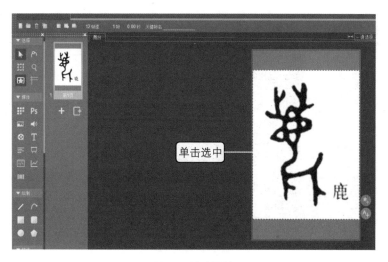

图3.9 选中图片

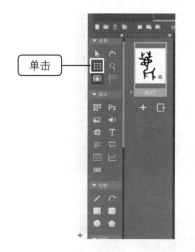

图3.10 单击【变形】按钮

图3.11 变形和位移处理

（2）输入文字

单击【文字】按钮 T，在文字输入框中输入文字"汉字鹿的来历"，如图3.12所示。

（3）导入视频素材

1）导入视频。

单击【导入视频】按钮 ，选择需要的视频，单击【添加】按钮，如图3.13所示。导入视频后的效果如图3.14所示。

图3.12　输入汉字

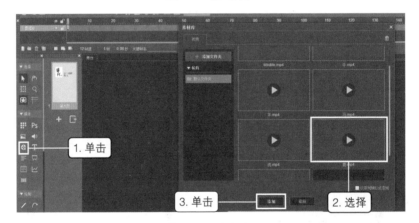

图3.13　添加视频

图3.14　导入视频

2）调整视频位置。

将鼠标指针移至视频中的任意位置并单击，然后拖曳鼠标指针移动视频到合适的位置，如图3.15所示。

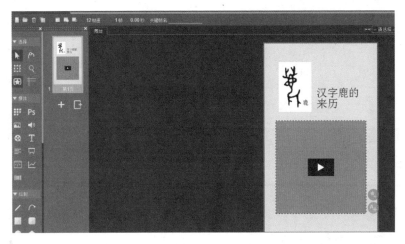

图3.15　移动视频位置

3. 属性设置

（1）文字属性设置

① 将鼠标指针移至文字中的任意位置，单击选中文字，然后单击【属性】面板，如图3.16所示。

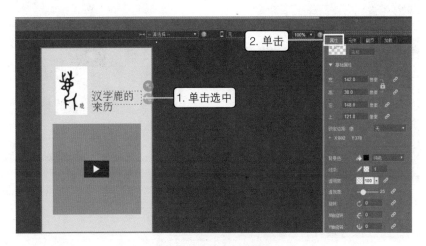

图3.16　选择文字及属性

② 文字属性的具体参数设置如图3.17～图3.19所示。

图3.17　文字属性设置1

图3.18　文字属性设置2

图3.19　文字属性设置3

③ 通过修改文字属性，可以改变文字的显示效果。这里仅设置文字的字体和字号，结果如图3.20所示。

图3.20　重新设置文字属性后的文字显示效果

（2）图像属性设置

① 选中页面中左上角的图像，如图3.21所示。

图3.21　选中图像

② 图像属性的具体参数设置如图3.22和图3.23所示。

 要点提示　制作者可以根据制作要求，对图像属性的参数进行修改，也就是重新设置图像的属性。

图3.22　图像属性

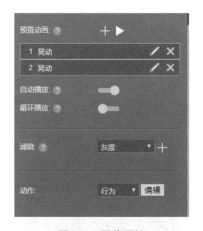

图3.23　图像属性

图3.24　选中视频

图3.25　视频属性设置

（3）视频属性设置

① 选中视频，如图3.24所示。

② 视频属性的具体参数设置如图3.25所示。通过重新设置属性参数，可以修改视频窗口的大小、视频播放的背景、视频背景音乐等。

3.1.2　课堂实训——制作H5创意名片

制作一个宣传自己的H5页面。第1页内容包括姓名、性别、专业；第2页内容包括20个字的自我介绍及一张照片，或一段介绍自己的视频，视频时间控制在20秒以内，格式为MP4格式。

3.2 元件

　　元件是作品中的独立的活动单元，可以是图片、动画、音乐等。在制作H5页面的过程中，经常会遇到需要重复使用某一个或某几个素材的情况，为了避免重复制作，可将那些在作品中会重复用到的素材制作成元件，使用时直接调用即可。因此，学习制作元件可以大大提高制作H5页面的效率。

3.2.1　任务解析——壁纸设计与制作

　　本实例是利用圆和矩形两个元素，通过不规则组合来设计制作一款壁纸图案。由于设计制作壁纸图案的过程中，需要多次重复使用圆和矩形这两个元素，为了减少制作圆和矩形的时间，在制作过程中可以先将圆和矩形两个元素制作成元件，之后通过调用元件的方式来完成壁纸的设计制作，如图3.26所示。

任务目的　掌握元件的创建、编辑、复制、导入、删除等操作方法。

操作步骤

　　1.【元件】界面

　　【元件】界面如图3.27所示。

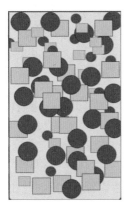

图3.26　壁纸图案样本

图3.27　【元件】界面

【元件】界面底部的按钮功能从左到右依次如下。

① 新建元件。

② 复制元件。

③ 新建文件夹：用于对元件进行分类管理。

④ 导出：将其他项目中的作品转换成元件。

⑤ 导入：将导出的元件，导入到本项目中。

⑥ 添加到绘画板。

⑦ 编辑元件。

⑧ 删除元件。

⑨ 删除没有使用的元件：删除项目中没有使用过的元件，可以节省项目存储空间。

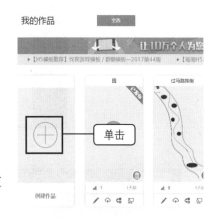

图3.28　新建项目

2. 新建元件与元件编辑

（1）新建项目

在【我的作品】界面中，单击按钮⊕，即可新建一个项目，如图3.28所示。

（2）新建元件

单击【元件】面板→【新建元件】选项，即可自动添加"元件1"，此时舞台为元件状态，如图3.29所示。

图3.29　新建元件

（3）元件制作

① 在元件状态下制作元件"圆"。绘制一个"圆"，如图3.30所示。

② 单击舞台缩略图，然后单击【元件】面板，元件被显示出来，是一个"圆"，如图3.31所示。

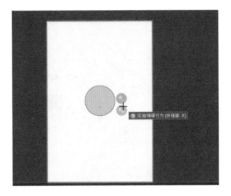

图3.30 绘制一个圆

图3.31 新建元件"圆"

（4）将元件添加到舞台中

方法1：选中元件，按住鼠标左键，将元件拖曳到舞台上，如图3.32和图3.33所示。

方法2：选中"元件"之后，单击【添加到绘画板】选项。

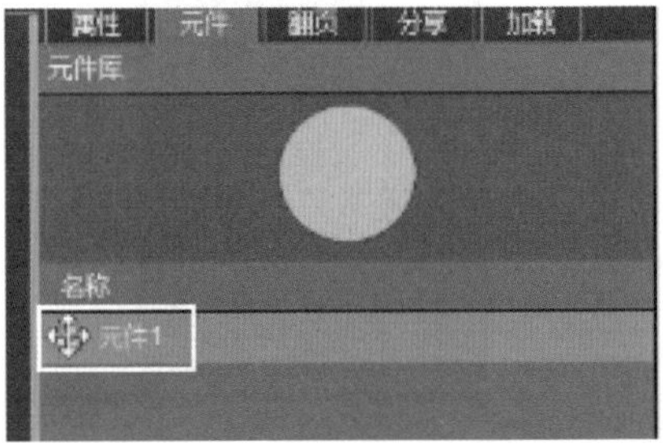

（5）复制元件

选中"元件1"，单击【复制元件】按钮，元件1被复制，并生成元件2，如图3.34所示。

（6）利用复制出的元件（元件2）制作新元件

选中"元件2"，将其拖曳到舞台上，将鼠标指针移至元件图形中的任意位置并单击，按【Delete】键删除圆图形，然后绘制一个矩形，如图3.35所示。

图3.32 选中元件

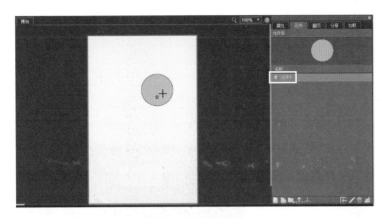

图3.33　将元件拖至舞台上

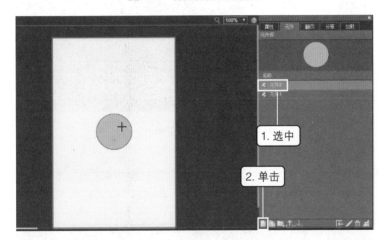

图3.34　元件1被复制，生成元件2

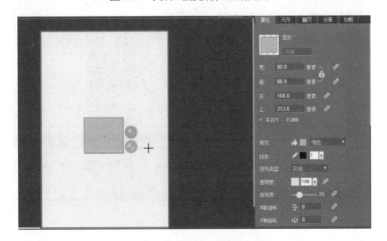

图3.35　新的元件2为矩形图形

> **要点**
> **提示** 如果页面中存在动画等效果，改变物体形状后，动画等效果不会被更改。

（7）编辑元件

① 将元件1拖曳到舞台上，单击【元件】面板中的【编辑元件】按钮，选中舞台上的元件图形并调整元件的大小，为元件添加背景色，如图3.36所示。

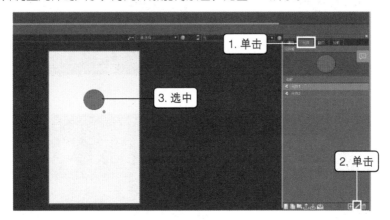

图3.36　编辑元件1

② 编辑完成后，单击【元件】面板，在【元件】面板中会显示调整后的元件，如图3.37所示。

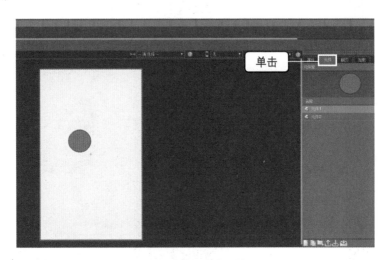

图3.37　编辑后的元件1

③ 用同样的方式编辑元件2，结果如图3.38所示。

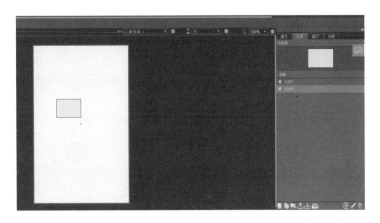

图3.38　编辑后的元件2

3. 利用元件制作壁纸素材

（1）将元件1拖曳到舞台上。

（2）将鼠标指针移至元件1的任意位置上并单击，即选中元件1。

（3）复制元件1。按【Ctrl+C】组合键，再按【Ctrl+V】组合键。

（4）变形元件。单击【变形】按钮，调整元件1的大小。

（5）按照同样的方法对元件2进行操作，结果如图3.39所示。

4. 制作

重复进行复制、粘贴和位移操作，完成制作，结果如图3.26所示。

5. 导出

导出是指将一个项目的元件导入到另一个项目中，使导出的元件变成另一个项目的元件。

（1）导入项目

在【我的作品】界面中，选择一个有元件的项目，单击【编辑】按钮，将项目打开，如图3.40所示。

（2）进入元件栏

单击【元件】面板，单击项目中的"牛"动画元件，然后单击【导出】按钮，如图3.41所示。

（3）调入新项目

单击菜单栏的【我的作品】选项卡，如图3.42所示。在【我的作品】界面中选择一个新项目，单击【编辑】按钮，

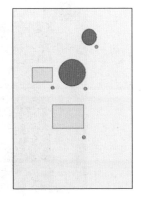

图3.39　利用元件制作素材

将新项目调入到舞台上，如图3.43所示。

图3.40　导入一个有元件的项目

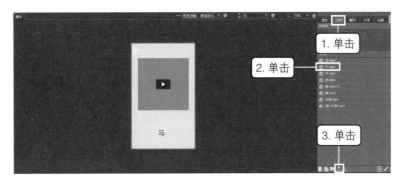

图3.41　导出元件"牛"

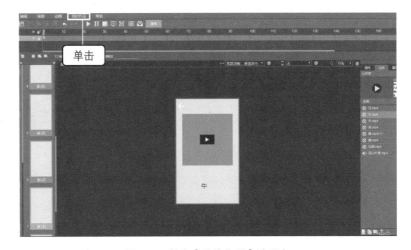

图3.42　单击【我的作品】选项卡

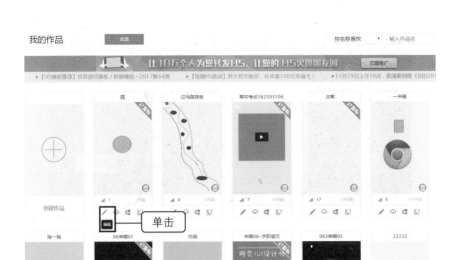

图3.43　调入新项目到舞台上

（4）单击【元件】面板，将新导入的项目设置到元件状态。此时在元件栏中没有任何元件，如图3.44所示。

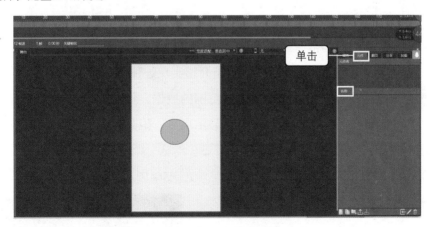

图3.44　新项目元件状态

（5）导入元件

在新项目元件中单击【导入】按钮，元件被导入到新项目中，如图3.45所示。

6. 元件管理

如果项目中有多个元件，可以对元件进行分类管理。方法是单击【元件】面板底部的【新建文件夹】按钮，并命名文件夹，然后将元件按类别拖进不同的文件夹中即可。

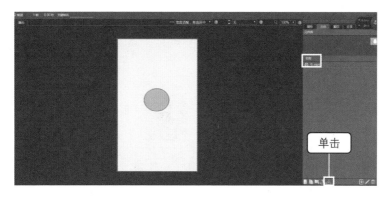

图3.45　元件被导入新项目中

3.2.2　课堂实训——用元件制作企业宣传招贴

制作一个企业宣传招贴，内容必须包括用元件制作的企业标志及主题语。

3.3　组与长数据

在实际应用中，经常遇到在不需要翻页的情况下，连续浏览一篇内容较长的文章，或是连续浏览多张图片等。本节将介绍实现这种效果的制作方法。

长数据是指超过显示屏幕纵向区域范围的数据，例如，有5张图片，每张图片都可以单独在屏幕区域范围内完整地显示出来，但是一屏无法将5张图片完整地显示出来，如果要浏览这5张图片，需要在浏览一幅之后，通过翻页操作才能浏览下一幅。如果希望不用翻页操作就能浏览这5幅图片，就需要将这5幅图片组合起来，使之变成长数据。

3.3.1　任务解析——轮播图片的设计与制作

有两张同一景区的图片，如图3.46所示。设计制作一个H5作品，实现用户在不需要翻页的情况下，能够浏览这两张图片。

图片1　　　　图片2

图3.46　两张风景图片

任务目的 掌握组和长数据的处理和制作方法。

操作步骤

1. 素材准备及新建项目

先将图片1和图片2处理成规格一致的图片。然后新建一个项目，将图片1和图片2导入到舞台的同一图层上，如图3.47所示。

2. 长数据生成

选中其中一张图片，用鼠标拖动图片至另一图的底部，使两张图片变成首尾相连的长图，如图3.48和图3.49所示。

图3.47　舞台的同一图层上有两张同样大小的图片

图3.48　连接两图

3. 组合处理

（1）选中图片

用框选的方式选中两张图片，如图3.50所示。

图3.49　连接成一个长图

图3.50　选中两张图片

（2）组合

单击鼠标右键，选择【组】选项→【组合】选项，如图3.51所示。

4.设置浏览方式

在【属性】面板中，对组的属性进行设置。如设置"拖动旋转"为"垂直拖动"，如图3.52所示。设置完成后，用户即可对"组"图片进行垂直拖动，连续浏览两张图片。

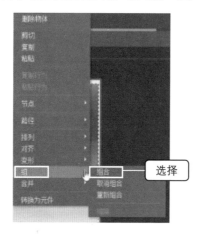

图3.51　组合

图3.52　设置

要点提示

（1）组类型设置

组类型设置指是为"组"图设置播放方式。单击"组"图，在【属性】面板下设置"组类型"为"裁剪内容"，设置"允许滚动"为"垂直滚动"，如图3.53所示。

图3.53　组类型设置

（2）变形与裁剪播放窗口

选择"变形工具"，如图3.54所示。从上边框开始向下拖动鼠标指针，裁剪播放窗口，如图3.55所示。

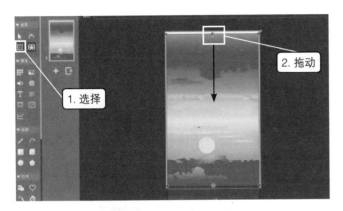

图3.54　选择"变形工具"　　　　　　　图3.55　裁剪播放窗口

拖动组图后，此时可发现组图播放窗口比舞台小了，如图3.56和图3.57所示。

（3）播放效果

预览播放效果时，播放窗口中出现滚动条，如图3.58所示。

图3.56　拖动组图　　　　图3.57　组图播放窗口　　　　图3.58　预览

3.3.2　课堂实训——利用长数字制作轮播图片并发布

任选一个主题，围绕主题拍摄一组照片，照片数量为3～5幅。利用长数据的手段制作作品并发布。

3.4 模板的使用与生成

创作H5作品包括两方面的内容。一方面是设计、创意，另一方面是制作。制作相对于设计、创意来说较简单，只需花费不长的时间来学习相关软件的操作就可以了。但是，创作H5作品的核心是"创"，有创才有作。创作需要的素养和训练不是通过简单的培训就能达到的，特别是在实际应用中，需求方通常会要求作品既新颖、独特，与设计目标相匹配，又要使作品有技术含量。仅技术要求一项，对于只掌握一般操作技能的人员可能就有点难度了，加之需要设计、创意，因此，对一般的设计制作者来说，要设计和制作出高质量、高水平的作品，难度是非常大的。使用模板则可以解决这个技术问题。模板是他人或自己制作出的样板，需要时可以直接调用，根据实际要求进行简单的修改、编辑，就能够变成自己的作品来使用了。因此，模板对一般的设计和应用开发人员来说就显得十分重要。掌握模板的生成和利用，可以轻松地制作出高质量、高水平，并符合用户要求的作品。

Mugeda中的模板包括商业模板和官方模板两大类。商业模板需要购买，官方模板则是免费的。

进入模板界面的操作：单击菜单栏中的【模板】选项卡，如图3.59所示。

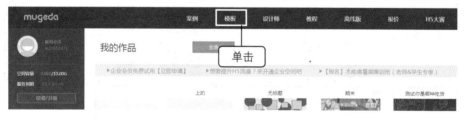

图3.59　进入模板界面

进入模板界面后，可以看到模板列表，如图3.60所示。

在商业模板和官方模板两大类模板中，又细分出多个小类，如邀请函模板、节日模板、营销模板、游戏模板、测试模板、招聘模板、简历模板等。用户可以根据需要选择相应的模板。

商业模板的选用方法：单击【商用模板】选项，弹出如图3.61所示的对话框。用户通过扫描二维码可预览模板，如需购买，单击下方的【购买】按钮即可。

图3.60　模板界面

图3.61　购买模板

3.4.1　任务解析——利用模板制作端午节粽子营销广告

在免费模板中，挑选一款符合创意要求的模板，并在此基础上进行加工，制作一个端午节粽子营销广告的H5页面，之后将制作的H5页面生成为模板。

任务目的　掌握利用模板进行再创作和制作模板的方法。

操作步骤

1. 选择模板

在"官方模板"选项列表中选择"节日模板"，在所选模板的任意位置单击，如图3.62所示，屏幕弹出图3.63所示的界面。

图3.62　选择模板

2. 确定使用方式

如果你认为此模板可直接使用，用手机扫描二维码发布即可。如果需要修改该模板，单击图3.63中的【使用】按钮 <u>使用</u> 即可，屏幕中会弹出提示对话框，如图3.64所示。此时所选模板已经被导入到用户自己的模板列表中。单击 <u>去查看</u> 按钮，跳转到用户模板界面，如图3.65所示。此时可以看到所选模板。

图3.63 模板使用方式选择界面

图3.64 提示对话框

3. 编辑

单击图3.65中【使用】按钮 <u>+ 使用</u> ，弹出如图3.66的所示对话框。单击【确定】按钮，模板会直接在舞台上显示出来，如图3.67所示。

图3.65 我的模板界面

图3.66 确定对模板进行编辑修改

图3.67　模板导入舞台中

编辑模板的方法如下。

（1）查看内容。查找需要更换的内容，然后在时间轴上拖动光标，浏览动画动作的变换情况。

（2）更换对象（图片）。

1）选中更换对象（图片）。

要点提示　根据需要，可将影响更换对象选择的图层进行上锁操作。

2）对对象进行属性编辑操作。

4. 发布

完成新作品后，单击【查看发布地址】按钮，如图3.68所示，进入发布界面，如图3.69所示，用户可以利用二维码或地址发布该作品。

图3.68　发布操作

图3.69　发布界面

5. 将作品转换成模板

（1）确定要转换为模板的作品

在【我的作品】界面中，单击选中作品下面的【转换为模板】按钮 ，如图3.70所示，弹出【转换为模板】对话框，如图3.71所示。

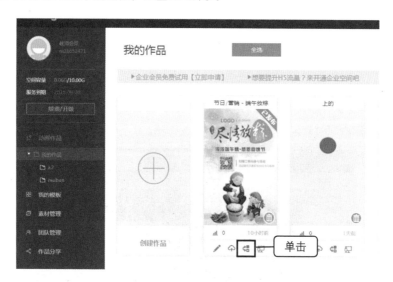

图3.70　转换为模板

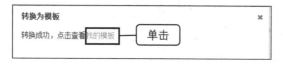

图3.71　【转换为模板】对话框

（2）转化结果

在图3.71中单击【我的模板】链接，查看模板，如图3.72所示。图中有两个端午节模板，左边的是新生成的端午节模板，右边的是导入的免费模板。

图3.72　模板

选用模板的快捷方法如下。

①进入模板界面操作。

新建一个项目，单击页面缩略图下面的【从模板添加】按钮，如图3.73所示。

图3.73　页面缩略图

② 浏览模板。

弹出【选择模板】界面，在该界面中浏览和选择合适的模板类型，如图3.74所示。

③ 单击选中的模板，模板会自动演示效果。如果确定选择此模板，则可单击【确定】按钮，如图3.75所示。模板会被复制到舞台上，如图3.76所示。

图3.74　【选择模板】界面

图3.75　选择、确定模板

图3.76　模板被复制到舞台上

3.4.2　课堂实训——利用模板制作母亲节贺卡

利用免费模板，设计制作一张母亲节的节日贺卡，要求所制作的节日贺卡中有自己母亲的名字和感谢母亲或祝福母亲的语言，并将所设计制作的作品转化成模板。

H5动画页面的制作及相关设置

一个完整的H5作品，包含多方面的内容，其中，加载页及其相关配置是制作H5作品必须掌握的内容，预置动画和帧动画是H5动画制作不可缺少的表现形式。

4.1 完整H5作品包含的基本内容

一个完整的H5页面包括的基本内容有加载页和内容页两部分。

4.1.1 加载页

对智能终端手机用户来说，当用户浏览页面时，需要把文件及信息读取到用户所使用的设备的内存中，这个过程就叫加载。加载过程是需要耗用一定时间的，当页面加载速度不是很快甚至很慢的时候，页面就会出现白屏的情况。如果不采取一定的措施来补救，处理好用户与设计之间的交互问题，在白屏的情况下，用户很可能认为文件或信息出现了问题（如卡死、出错），用户体验会十分不好，且页面加载所需的时间越长，用户体验越差。有调查显示，用户能够忍受的加载的最长时间在6~8秒之间，8秒是一个临界值，如果加载时间超过8秒，大部分访问者会放弃访问，除非他一定要打开那个页面。

加载页是用于提升用户体验效果的。有了加载页，在内容页加载的过程中，可以避免出现白屏的现象，缓解用户等待加载过程的烦恼。H5作品的第一页可以设置成加载页，设置加载页后，该页面会自动生成一个加载进度条，如图4.1所示。

用户可根据设计要求设定进度条的视觉效果。

4.1.2 内容页

内容页由标题、描述、缩放图、播放控制、名称和内容等几部分构成，如图4.2和图4.3所示。

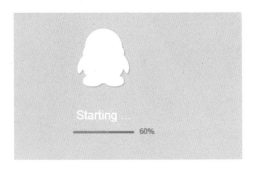

图4.1 加载页

图4.2 标题、描述

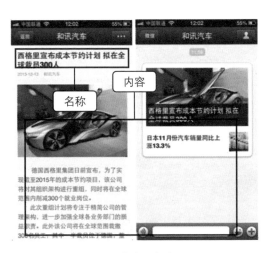

图4.3 内容、名称

4.2 素材导入与使用

素材包括图片、视频、声音3种。

4.2.1 导入图片

在舞台上，单击工具箱中的【导入图片】按钮，弹出【图片素材库】对话框，从中选择所需图片，单击【添加】按钮，如图4.4所示，图片即可被导入到舞台。

如果素材库中没有合适的图片，则可单击图4.4中图片缩略图后的按钮，弹出【上传图片】对话框，如图4.5所示。

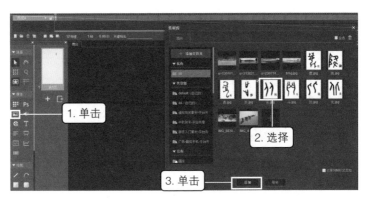

图4.4　图片导入舞台

单击【上传图片】对话框中间的文字部分，进入计算机资源管理器中，如图4.6所示。

在资源管理器中找到合适的图片，单击选择所需图片，如图4.7所示。

将选中的图片拖曳到【上传图片】对话框中，如图4.8所示。

单击图4.8中的【确定】按钮，图片即被导入到素材库中，如图4.9所示。

图4.5　【上传图片】对话框

图4.6　资源管理器

图4.7　选中图片

图4.8　拖曳图片

选择需要的图片并单击【添加】按钮，如图4.10所示。此时图片被导入到舞台上，如图4.11所示。

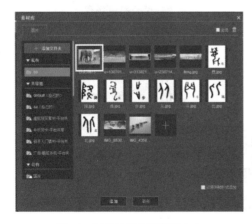

图4.9　图片被导入到素材库中

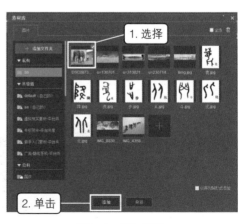

图4.10　添加图片

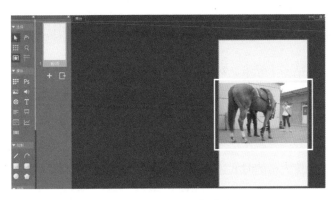

图4.11　图片导入到舞台上

4.2.2　导入视频和声音

在H5页面中，单击工具箱中的【导入视频】按钮⊕或【导入声音】按钮◀），将分别弹出视频素材库（见图4.12）和声音素材库（见图4.13）。导入视频或声音的操作与导入图片的操作方法相同，故此处不再赘述。

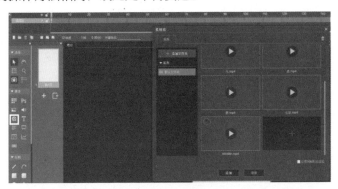

图4.12　视频素材库

图4.13　声音素材库

4.3 预置动画

页面中通常包括多个元素。对生动、形象并且具有吸引力的页面来说，动画是不可缺少的。一方面，各元素进入页面或退出页面要根据需要来安排进、出顺序，而且需要设置不同的进出方式；另一方面，页面中的元素常常需要用动态的方式来表现，这就需要设计动画效果并制作出来。对一般的制作人员来说，设计和制作动画是有难度的，而且需要花费大量的时间，就应用而言，制作者往往需要在尽量短的时间内完成具有动画效果的、生动的、有趣的作品。为了解决这个问题，Mugeda提供了预置动画功能。

4.3.1 任务解析——制作护眼台灯产品广告

本实例是为某企业的一款护眼台灯设计制作一款宣传页面。页面内容包括企业标志、企业名称、产品样本、产品名称，页面版式效果如图4.14所示。

图4.14　页面版式效果

页面显示效果：页面内容用不同的动画形式，按企业标志、名称、产品样本、产品名称以2秒为时间间隔进入页面，企业名称能够在产品样本、产品名称进入页面后晃动5秒。

任务目的　掌握预置动画的设置等操作。

操作步骤

1. 素材准备

拍照，并利用图形软件处理图片，如图4.15所示。

企业标志　　　产品样本　　　企业名称　　　　产品名称

图4.15　图片素材

2. 素材导入和调整处理

新建项目，导入素材，调整素材的大小和位置。

（1）新建项目

新建一个项目，如图4.16所示。

（2）导入图片素材

导入企业标志图片，依次单击【导入图

图4.16　新建项目

片】按钮 →【添加】按钮 ，在桌面上找到企业标志图片，拖入到上传图片窗口中，依次单击【确定】按钮→【添加】按钮，结果如图4.17所示。

图4.17　导入企业标志

（3）调整素材的位置和大小

调整企业标志的大小和位置。选中图片，单击【变形】按钮 ，调整图片形状，结果如图4.18所示。

使用同样的方法处理企业名称、产品样图、产品名称等素材，结果如图4.19所示。

3. 预置动画设置

（1）预置动画的设置与操作

①【添加预置动画】按钮。

以图4.20为例，单击选中图片，此时图片右下方会出现一个红色按钮和一个黄色按钮。红色按钮就是【添加预置动画】按钮 。

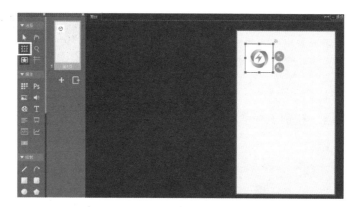

图4.18　调整后的企业标志的大小和位置

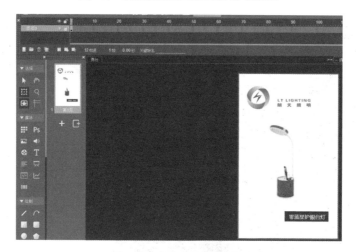

图4.19　素材调整处理完成

② 添加预置动画。

单击【添加预置动画】按钮，弹出
【添加预置动画】选项列表。其中包括进
入动画、强调动画和退出动画3个选项，如
图4.21所示。

选中图片，单击【添加预置动画】按
钮，单击选择"进入"组中的一个预置
动画，即可完成图片进入页面的动画设
置。重新选中图片，单击【添加预置动
画】按钮，选中"强调"组中的一个预

图4.20　单击【添加预置动画】按钮

置动画，即可完成图片进入页面后的动画设置。再次选中图片，单击【添加预置动画】
按钮，单击选择"退出"组中的一个预置动画，即可完成图片退出页面的动画设置。
动画效果设置完成后的效果如图4.22所示。可以看到，在图4.22中有3个蓝色图标，就这3
个图标是所设置的3个预置动画的图标，表示该图片有3个预置动画。

图4.21　预置动画选项列表

③ 预览。单击【预览】按钮，可以看到所设置的预置动画的运行效果。

④ 预置动画参数设置。选中图片，单击其中的一个【预置动画】按钮，弹出【动画
选项】对话框，如图4.23所示。在【动画选项】对话框中，可以设置动画动作的时长、动
画出现的时间（延迟）以及动画的运动方向。如果需要删除该预置动画，则可以单击
【删除】按钮。

图4.22　添加预置动画后的结果

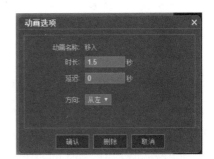

图4.23　【动画选项】对话框

（2）护眼台灯产品宣传的页面设计与制作

① 设置规划。该动画的设置规划如表4.1所示。

② 设置。分别选中页面中各元素，单击【添加预置动画】按钮，设置各元素的动画，
如图4.24所示。单击【编辑预置动画】按钮，设置各元素动画的参数，结果如图4.25
所示。

表4.1 动画设置规划表

项目	企业标志	企业名称	产品样本	产品名称
素材				零蓝星护眼台灯
动画时长	2	2	5	2	2
动画延迟 （动画进入初始时间）	0	2	8	4	6
动画选项	进入	进入	强调	进入	进入
动画预置	缓入	浮入	晃动	放大进入	飞入

图4.24 设置动画

图4.25 编辑动画

4.3.2 课堂实训——制作公益广告宣传页面

为某公益组织设计与制作一款公益广告宣传页面。页面内容包括广告语、广告图片、公益组织标志。页面设计制作的版面效果参照图4.14。

页面视觉效果要求：为页面内容设置不同的预置动画，按广告图片、广告语、公益组织名称的顺序以3秒为时间间隔进入页面。公益组织名称能够在广告图片、广告语进入页面后晃动7秒。

4.4 帧动画

预置动画虽然操作和设置都十分简单便利，但其灵活性不强，在实际设计制作中，不能根据需要随心所欲地进行设计和制作。帧动画是非常常用同时也非常重要的一种动画，利用帧动画技术可以设计制作出丰富多彩的动画效果，后面介绍的各类动画基本上与帧动画有关，有些甚至是以帧动画为基础扩展形成的，因此，掌握帧动画制作技术非常重要。

4.4.1　任务解析——制作"放飞自我"帧动画

任务要求　本例如图4.26所示。其主题为"放飞自我"。页面中，气球从男人的手中飞向空中，女人仰望升空的气球，当气球完全从页面中消失后，页面中缓缓出现"放飞自我"4个字，如图4.27所示。

任务目标　通过完成此任务，掌握制作帧动画的方法。

1. 帧动画制作方法

下面将通过一个具体实例来介绍帧动画的制作方法。

首先新建一个项目，并绘制一个矩形，利用帧动画技术实现矩形从页面下方到页面上方的移动效果。在本例中，矩形移动的设置是从第1帧开始到第30帧结束。

图4.26　放飞气球前页面

图4.27　放飞气球后页面

操作步骤

（1）新建一个项目

在该项目的舞台上绘制一个矩形，并确定矩形的起始位置，如图4.28所示。

（2）在时间轴上确定帧起始位置

将鼠标指针移至时间轴图层0的第1帧的位置，单击鼠标右键，在弹出的快捷菜单中选择【插入关键帧】命令，如图4.29所示。

（3）在时间轴终止位置插入帧

将鼠标指针移至时间轴图层0的第30帧（终止位置）的位置，单击鼠标右键，在弹出的快捷菜单中选择【插入

图4.28　绘制矩形

图4.29　在起始位置插入一个关键帧

帧】命令，如图4.30所示。

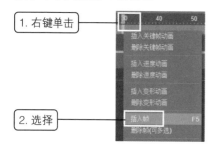

图4.30　插入帧

（4）插入动作

将鼠标指针定位在时间轴图层0的第30帧（终止位置）的位置，单击鼠标右键，在弹出的快捷菜单中选择【插入关键帧动画】命令，如图4.31所示。

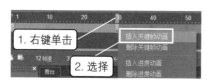

图4.31　插入关键帧动画

（5）移动图形到动画结束位置

选中舞台上的矩形，将矩形拖曳到动画结束的位置，如图4.32所示。

图4.32　调整矩形到动画结束位置

（6）预览、保存、发布

预览动画效果，然后保存并发布作品。

2. 任务实现

（1）素材准备

拍摄一张照片，利用图像处理软件进行适当的处理，如图4.33所示。

图4.33　图片素材

（2）素材导入和调整处理

① 新建项目，设置背景。新建项目，时间轴设置在图层0上的第1帧位置。单击【背景图片】按钮，选中背景图片，然后单击【添加】按钮，将素材设置成背景图片，如图4.34和图4.35所示。

图4.34　设置背景

② 新建图层。单击【新建图层】按钮

，新建图层1，如图4.36所示。

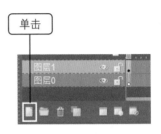

单击

图层1
图层0

图4.35　背景设置完成　　　　　　图4.36　新建图层

③ 绘图。时间轴设置在图层1的第1帧位置，绘制气球及气球栓线，为气球填充颜色，如图4.37所示。

图4.37　绘制气球及栓线

（3）帧动画制作

将时间轴设置在图层1中，帧动画起始位置设置在第1帧，结束位置设置在第30帧。气球被拖到舞台之外，如图4.38所示。具体设置过程参照帧动画制作部分内容。

要点提示　帧起始位置与帧结束位置之间的帧越少，动画运动速度越快。设计制作时，可以根据实际需要来设定。

图4.38　气球飞出终点位置

（4）文字制作

将时间轴设置在图层0的第30帧位置，然后输入文字，设置文字的字号、字体和颜色，最后设置预置动画。

4.4.2　课堂实训——制作汽车行驶的移镜头效果

（1）设计一个场景，场景中有一条横向的公路，公路上有汽车在行驶。用帧动画制作出汽车在公路上行驶的移动效果，即行驶的汽车在页面中保持静止状态，而背景在从左到右，或从右到左运动。

背景图片的大小要大于舞台的大小，如图4.39所示。

（2）用帧动画设计制作一个飞机从空中由远到近降落机场的效果。机场跑道面向用户，跑道宽度由窄变宽，飞机降落的过程中由小变大。

图4.39　提示图例

在帧动画中，动画起始点的飞机在拖动到动画终点时，可以利用"变形"处理，将飞机变大。

4.5　加载页设置

加载页设置有3种方式，即默认方式、自创作方式、利用模板制作方式。

1. 默认方式

（1）新建页面

新建一个页面，单击【加载】面板，如图4.40所示。

（2）选择加载样式

单击【样式】按钮▼，弹出【样式】下拉列表，如图4.41所示。制作者可以在此列表中选择所需的加载样式。这里选择【进度环】样式。

图4.40　加载

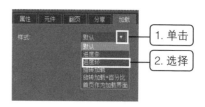

图4.41　加载样式选择

（3）设置属性

属性设置包括对文字属性、背景颜色、进度图形颜色、进度图形位置，以及添加背景、添加前景等的设置，如图4.42所示。本例文字输入的是"加载页"。

图4.42 属性设置

（4）预览效果

加载页效果如图4.43所示。

图4.43 效果

2. 自制作

（1）在作品首页制作内容，如制作

一个动画。

（2）单击主页面右侧的【加载】面板。

（3）单击【样式】按钮，选择【首页作为加载页】样式，如图4.44所示。

图4.44 设置首页为加载页

3. 选用模板

（1）单击页面下方右边的【从模板添加】按钮，如图4.45所示。

图4.45 进入模板选择模式

（2）单击【加载】按钮，选择一个模板，单击【确定】按钮，如图4.46所示。

 加载页的设计要生动、有趣、简短，与浏览内容关系密切，要让用户感觉温馨。如果在加载页中使用动画效果，会给用户带来温馨的"等待"感受，提升用户体验。要注意的问题是加载页的设计不要过于复杂，也不要过大，过大的加载页占用空间较大，会影响加载速度，影响用户体验。此外，还可以利用加载页展示创意和广告。

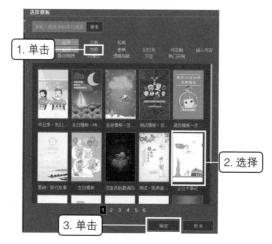

图4.46　选择模板

练一练｜为4.3节的护眼台灯产品广告任务设计一个加载页。

4.6　H5发布信息设置

学习完前面的内容，现在可以设计制作一个完整的H5作品了。H5页面的设置非常简单、方便，只需要两个步骤就可以完成。下面介绍具体的设置方法。

4.6.1　任务解析——为"暴饮暴食"H5设置发布信息

1. 将作品导入舞台

在【我的作品】界面中，单击第2行的第3个作品下方的【编辑】按钮 ✎，如图4.47所示。

2. 为作品设置发布信息

选择【文件】→【文档信息】菜单命令，如图4.48示，弹出【文档信息选项】对话框，如图4.49所示。

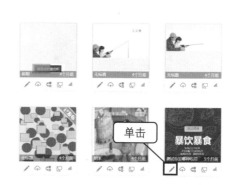

图4.47　单击【编辑】按钮

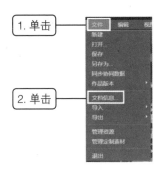

图4.48　选择【文档信息】菜单命令

图4.49　【文档信息选项】对话框

图4.50　填写文档信息

3. 填写文档信息选项参数

在【文档信息选项】对话框中填写转发标题（标题）、转发描述（标题）、内容标题（名称）等信息，并选择预览图片（缩略图），如图4.50所示。

4. 发布作品

保存作品后发布，发布结果如图4.51和图4.52所示。

图4.51　"暴饮暴食"H5发布链接封面

图4.52　"暴饮暴食"H5内容页

对于任何H5作品，在发布之前，如果没有为作品设置发布信息，则发布后在智能移动终端（手机）上所显示的发布链接封面如图4.53所示。H5内容页上方显示"×无标题"，如图4.54所示。

图4.53　没有设置发布信息的H5发布链接封面

图4.54　没有设置发布信息的H5内容页

4.6.2 课堂实训——设计新年晚会H5邀请函，并设置发布信息

设计一个新年晚会H5邀请函，并设置发布信息，具体的制作要求如下。

（1）加载页的设计要简单、有吸引力（用帧动画表现），并与邀请函的内容密切相关。

（2）内容包括晚会主题、晚会节目表、晚会时间及地点、主办单位名称等，内容页不少于2页。内容页的翻页采用预置动画来表现。

（3）发布信息如转发标题、转发描述、内容标题以及预览图片等要完整。

4.7　屏幕适配

不同的智能终端（手机）的屏幕规格是不同的，而舞台默认的长宽是320像素×520像素。因此，在制作H5页面前，必须考虑智能终端显示的问题，在制作前有必要对舞台进行屏幕显示的设置。为了在制作H5时能够准确有效地设置页面显示尺寸，本节将先介绍一些智能手机屏幕尺寸计量、换算等方面的知识，之后介绍屏幕适配方法。

4.7.1　手机屏幕尺寸计量与换算

手机屏幕尺寸通常是用屏幕对角线的长度来计量的，如用户常说的5英寸手机、7英寸手机，是指手机屏幕对角线的长度是5英寸、7英寸。如果将英寸换算成厘米，则可用公式1 英寸约等于2.54厘米来换算。5英寸、7英寸换算成厘米，结果分别是12.70厘米和17.78厘米。市场上，大多数手机屏幕长宽之比是16：9。

计算手机的长度和宽度，可根据其对角线长度和长宽比例，利用勾股定理来计算。以5.5英寸，16：9屏幕手机为例。

第1步：将英寸换算成厘米，换算结果为13.97厘米。

第2步：利用勾股定理。

设：屏幕长度为$16x$，屏幕宽度为$9x$，根据勾股定理有$(9x)^2+(16x)^2=(13.97)^2$

则：$81x^2+256x^2=49961.19 \Rightarrow 337x^2 \approx 49961.19$

最后求得5.5英寸的屏幕，长度约为12.18厘米，宽度约为6.85厘米。

4.7.2　手机尺寸与分辨率

对用户来说，观看手机内容，操作手机几乎都是通过手机屏幕进行的，所以，

手机屏幕大小是非常重要的手机选购和使用因素。对H5设计者来说，为了满足不同用户的需要，就必须了解和掌握手机尺寸和大小的计量规则。手机的尺寸，通常用手机屏幕对角线的长度表示，计量单位是英寸。但为了更精确地表示屏幕的大小和性能，手机的大小通常用横向像素×竖向像素的方式来表示，如1280像素×720像素。在手机屏幕指标中，用户经常会看到如16∶9和720P这样的屏幕指标描述，其含义为手机屏幕分辨率中横向像素与竖向像素的比值是16∶9，窄面的像素数值是720像素，P指的是像素。

在为特定的手机设计制作H5页面时，需要对屏幕显示进行精确设置，这就涉及到分辨率。不同尺寸的屏幕，分辨率是有区别的。

4.7.3　iPhone 4S手机舞台屏幕适配

1. 菜单选择

在菜单栏中，单击【文件】→【文档信息】命令，如图4.55所示。

2. 设置文件信息选项

在【文档信息选项】对话框中单击【自适应】选项，如图4.56所示。其中"宽度适配，垂直居中"以屏幕宽度为标准，按比例放大或缩小作品，屏幕宽导致垂直方向两端作品画面丢失；"高度适配，水平居中"是以屏幕垂直为标准，按比例放大或缩小作品，屏幕窄会导致宽度两端画面丢失；"全屏"是使作品画面充满屏幕，画面会产生变形。

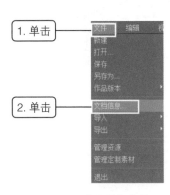

图4.55　【文件】菜单

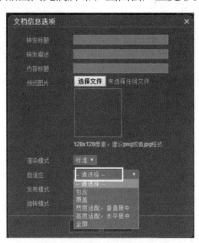

图4.56　【文档信息选项】对话框

在自适应选项中还有包含和覆盖两种适配方式，但这两种适配方式基本不使用。最常用的适配方式是"宽度适配，垂直居中"。

3. 解决画面丢失的措施

为了保证画面完整，可以设置一个安全框（即画一个矩形），并调整安全框的大小。

4. 安全框处理

（1）用鼠标将安全框移至舞台中央，然后去掉安全框的填充色，如图4.57所示。

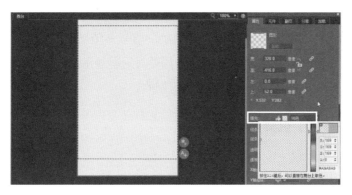

图4.57 安全框设置

（2）调整安全框大小，设置框边颜色，如红色，如图4.58所示。

（3）为安全框命名并锁住，如图4.59所示。

图4.58 安全框调整　　　　　　　　　　图4.59 为安全框命名

5. 应用

（1）新建图层

设置好安全框之后，新建图层，然后开始创作或导入作品，并使作品主要部分都在安全框范围内，如图4.60所示。

（2）删除安全框

安全框的存在会影响播放效果，所以要删除安全框。选中安全框所在的图层，单击【删除图层】按钮，再单击【确认删除】按钮，如图4.61所示。

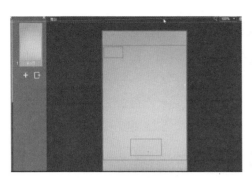

图4.60　新建图层

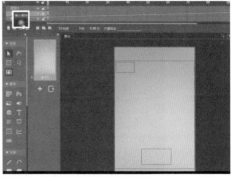

图4.61　删除安全框

6. 发布设置

发布只需单击选择"智能加速渲染"方式，其他2种方式会导致播放卡顿，如图4.62所示。

7. 旋转模式设置

旋转模式有3种：默认、强制横屏、强制竖屏。

（1）"默认"是"自动适配"方式，显示时会产生图像变形。

（2）"强制横屏"是指用竖屏方式播放。

（3）"强制竖屏"是指用竖屏方式播放。一般情况下选择"强制竖屏"，如图4.63所示。

图4.62　发布设置

图4.63　设置显示方式

8. 横屏作品的舞台设置

横屏舞台屏幕适配，一般设置为基于iPhone 6S的尺寸，即520像素×256像素，如图4.64所示。

图4.64 横屏舞台屏幕适配

4.7.4 课堂实训——用横屏显示方式制作龟兔赛跑的H5作品

用横屏显示方式制作一个龟兔赛跑的H5作品。具体的设计要求如下。

（1）舞台设置成520像素×256像素的格式。

（2）龟兔赛跑过程设计要求：龟和兔从同一起点同一时刻出发，龟从起点到终点始终做匀速运动。兔从起点出发后，在龟只跑了1/10的路程时，兔已经到达路程的2/3位置，然后在该位置睡觉，即停止运动。在龟还差1/10的路程时，兔子醒来，继续向前跑，在龟到达终点一段时间后，兔子才到达终点。

（3）配一段音乐。

（4）用1行字介绍龟兔赛跑的故事。

（5）兔、龟和界面背景由设计者自己设计完成。

4.8 文件夹管理与使用

文件夹功能是一项非常实用的功能。在作品比较多的情况下，利用文件夹功能可以对作品进行有序的管理。

1. 新建文件夹

（1）在【我的作品】界面中，单击【动画作品】选项，弹出【我的作品】界面，如图4.65所示。

图4.65 【我的作品】界面

（2）在左侧窗格中，右键单击"我的作品"选项，弹出文件夹编辑命令列表，选择【新建】选项，如图4.66所示。

图4.66　文件夹编辑命令列表

（3）在弹出的【未命名文件夹】输入框中输入名称，即可为该文件夹命名，如图4.67所示。

图4.67　输入文件名

2. 删除文件夹

（1）在【我的作品】列表中，选中需要删除的文件夹，单击鼠标右键，弹出文件夹编辑命令列表，如图4.68所示。

图4.68　删除选项

（2）选择【删除】选项，弹出确定删除对话框，如图4.69所示。

（3）单击【确定】按钮，选中的文件夹即被删除。

图4.69　确定删除选项

3. 重命名文件夹

（1）在【我的作品】列表中，选中需要重命名的文件夹，单击鼠标右键，弹出文件夹编辑命令列表，如图4.68所示。

（2）选择【重命名】选项，弹出文件夹名称编辑框，用户可以重新为文件夹命名，也可以保留文件夹原有的名称，如图4.70所示。

图4.70　更改文件夹名称

4. 文件夹的使用

（1）在指定的文件夹中创建作品

选择一个文件夹，如a1，如图4.71所示。然后按照前面介绍的方法创建作品。

图4.71　选择需要的文件夹

（2）将作品从一个文件夹中移动到另外一个文件夹中

选择需要移动的作品，然后用鼠标拖曳的方式将其拖曳到目标文件夹中，如a2，如图4.72所示。

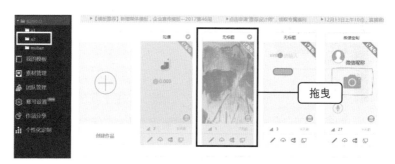

图4.72　选中文件并拖曳

练一练 | 对自己账号下的作品进行分类整理。

4.9　层数据缩放与舞台缩放

层数据缩放是指对一层或多层数据进行整体的缩放调整，舞台缩放是指对舞台进行大小调整。数据层缩放与舞台缩放，所起的作用类似于放大镜。层数据缩放功能和舞台缩放功能为数据处理提供了便利。

1. 层数据缩放

下面通过对图4.73所示的具有多层的动画页面进行层数据缩放操作，来学习层数据缩放的作用以及操作方法。

（1）对所有层数据进行整体缩放

① 用鼠标在时间轴上选中所有图层，如图4.74所示。

② 单击鼠标右键，在弹出的选项列表中选择【缩放层数据】选项，如图4.75所示。

图4.73　具有多层的H5动画

图4.74　选中所有图层

选择

图4.75　菜单

③ 弹出【缩放参数】对话框，填写缩放比例。如输入 "2"。"2" 的含义是将选中的数据层中的数据放大一倍，如图4.76所示。缩放结果如图4.77所示。

输入

图4.76　【缩放参数】对话框

图4.77　数据层缩数据放结果

④ 调整舞台大小。由于数据层数据被放大了1倍，一般地，也需要将舞台放大1倍。从图4.77中可以看到，舞台大小为320像素×520像素。数据层放大了1倍，则现在需把舞台调整为640像素×1040像素。

> **要点提示** 层数据不仅可以放大，也可以缩小。如果缩放参数输入的是0.5，层数据会缩小50%。

（2）对选中的层数据缩放

层数据不仅可以整体缩放，还可以根据制作需要对其中的一个或几个层数据进行缩放。缩放方法与整体缩放相同，只是在选择图层时仅选中需要缩放的图层。

2. 舞台缩放

舞台缩放是对舞台进行视觉缩放。舞台缩放功能，为用户观察作品细节提供了便利，有利于用户对作品细节进行编辑。

现新建一个项目，对新建项目的舞台进行缩放设置。

（1）选择放大镜

单击【缩放比例】按钮 🔍，将放大镜拖至舞台中，如图4.78所示。

（2）放大舞台

单击【放大镜】图标，舞台被放大，但舞台的实际尺寸和实际横纵比例都没有改变，如4.79所示。

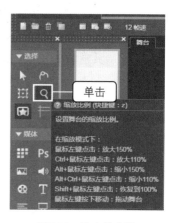

图4.78　选中放大镜

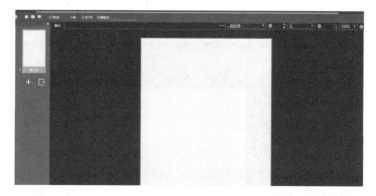

图4.79　舞台被放大

（3）舞台缩放比选择

单击舞台右上角的【缩放】按钮 ▼，选择缩放数值，单击，如图4.80所示。

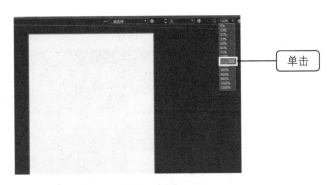

图4.80　缩放比选择

放大镜默认的是放大，即放大镜中出现的是"+"。如果需要缩小，需要将放大
镜设置为"-"，如图4.81所示。

　　缩小舞台的操作方法：选中【缩放】工具，然后按
【Alt】键。此时，单击一次放大镜，舞台便缩小一个
比例。

　　将舞台恢复到原尺寸的操作方法：选中【缩放】工
具，按住【Shift】键，之后单击【放大镜】图标。

　　按比例缩放舞台的操作方法单击舞台右上角的【缩
放】按钮▇，之后选中选项列表中的缩放数值，然后单击确定。

图4.81　舞台缩小

　　（4）缩放舞台的应用

　　现有一个长图，需要对长图局部的一些细节进行调整。如果不缩小舞台，则看不
到长图的全貌；如果不放大舞台，则看不清长图局部的细节，无法较好地对局部细节
进行处理，如图4.82所示。

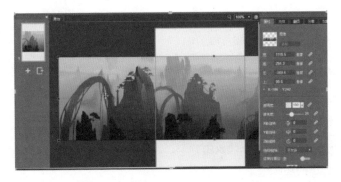

图4.82　长图

将舞台缩至50%，可看到长图的全貌，如图4.83所示。

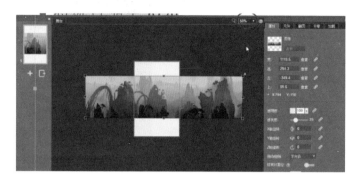

图4.83　长图全貌

将舞台放大至800%，通过横向、纵向滑杆可查看图片局部细节，如图4.84所示。

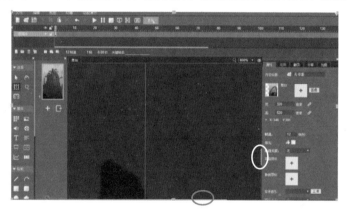

图4.84　图像细节

要点 提示	除用滑杆查看图片细节外，还可以采用选择缩放工具，将放大镜拖至舞台上，然后按住鼠标左键，再拖动放大镜的方法来查看图片细节。

练一练｜图4.85所示的剪贴画上有水印字，请选择一张有水印字的剪贴画，利用舞台缩放功能，去掉图中的水印，恢复原图。

图4.85　有水印的剪贴画

4.10　图层数据调整

在H5页面中，常常需要调整各层数据，在实际应用中，还会出现需要多次重复修改才能达到目标效果的情况，所以掌握调整图层数据的操作非常重要。

以调整动画运动路径为例：调整动画运动路径是通过调整【属性】面板中的坐标实现的。坐标以舞台左上角为基准，调整坐标可以在【属性】面板中完成，调整运动路径的方法如下。

1. 动画制作

新建一个项目，绘制一个矩形，制作帧动画，使矩形由页面底部向页面顶部运动，如图4.86所示。

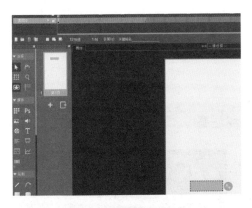

图4.86　矩形帧动画页面

2. 动画路径显示

在需要进行数据调整的图层上，选中"动画物体"，单击鼠标右键，在弹出的选项列表中选择【路径】→【切换路径显示】命令，动画路径被显示出来，如图4.87和图4.88所示。

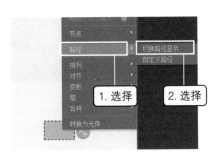

图4.87　切换路径显示

图4.88　动画路径显示

3. 调整动画路径

（1）确定调整关键点，插入关键帧

图4.86所示的动画中，只有第1帧和第40帧设置了关键帧。调整动画路径要求必须确定一个调整的"关键点"，关键点必须是"关键帧"点。所以，在没有添加关键帧的情况下，只能调整图4.86动画的起始点或终止点位置。如果需要改变动画运动的路径，可在时间轴

上的动画初始点和终点之间确定一帧，并在此帧上插入一个关键帧，图4.89所示的是在时间轴30帧位置插入一个关键帧。

图4.89　插入关键帧

图4.90

（2）调整运动路径

将鼠标指针移至时间轴30帧的位置，单击，此时图形停留在30帧时的运动位置，并为被选中状态，如图4.90所示。如果页面有多个图层，为了避免出现错误，可将其他图层锁住。

（3）调整路径参数

在【属性】面板中，将基础属性中"左"的值由89.7修改为50，此时动画路径即被调整，如图4.91所示。

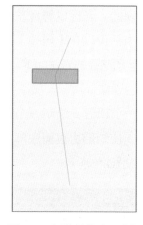

图4.91　调整后的动画路径

4.11　标尺与辅助线

要想制作精美的H5交互动画，需要布局、行为都很精准，此时可以利用标尺和辅助线工具。

1. 在舞台上显示标尺

在制作H5交互动画时，如果需要在舞台上显示标尺，只需选择【视图】→【标尺】菜单命令即可，如图4.92所示。

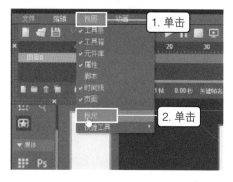

图4.92　显示标尺

2. 辅助线

辅助线的作用是显示鼠标所在横、纵坐标的位置，如图4.93所示。

3. 辅助线移动

在移动图形时，为方便观察，舞台上会自动出现绿色的辅助线。

（1）水平居中

当图形底部水平居中时，舞台上会自动出现横向绿色线，如图4.94所示。

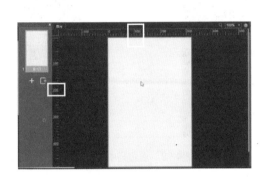

图4.93　辅助线位置　　　　　　图4.94　水平居中

（2）垂直居中

当图形垂直居中时，舞台上会自动出现纵向绿色线，如图4.95所示。

（3）水平垂直居中

当图形底部水平居中，图形垂直居中时，舞台上会自动出现横向和纵向两条绿色线，如图4.96所示。

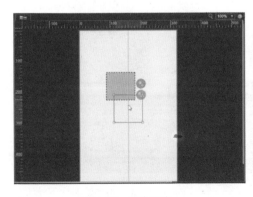
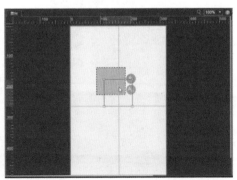

图4.95　垂直居中　　　　　　图4.96　水平垂直居中

（4）左对齐

图形左对齐纵向绿线。移动下方的图形，该图形水平居中，所以舞台上会出现两条绿色辅助线条，如图4.97所示。

（5）垂直居中对齐

两个图形垂直居中对齐辅助线，如图4.98所示。

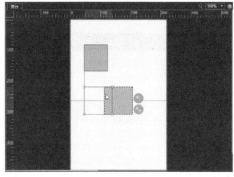
图4.97　左对齐

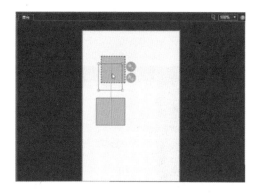
图4.98　垂直居中对齐

练一练 | 利用标尺与辅助线功能，实现版式设计对齐设计制作要求。

（1）设计制作一个学生竞赛获奖的H5页面，版式要求如图4.99所示。其中奖项名称居中排列，所有相同的板块大小要相同。

（2）设计制作一个讲座的H5宣传页面，版式要求如图4.100所示。

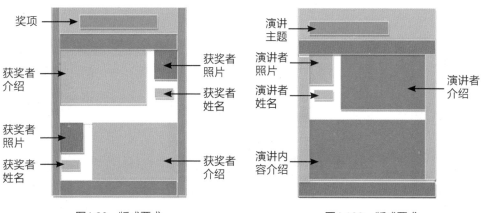
图4.99　版式要求　　　　　　　　　　图4.100　版式要求

行为、触发事件与交互控制

在H5页面中，交互控制、"物体"与"物体"之间关联，都是靠行为和触发事件中的功能实现的。要制作具有交互功能的H5作品，就需要掌握行为、触发事件的使用方法。

5.1 行为与触发事件

行为与触发事件是制作精美H5交互动画的核心技术，学习好这部分内容对设计制作H5动画非常重要。为了使学习者能够循序渐进，并在比较轻松的状态下掌握和灵活使用行为与触发事件的设置，本节将以最基本和最简单的行为与触发事件设置的介绍为起点，然后通过具体实例解析加深学习者对行为及触发事件的认识，之后希望通过所设置的行为与触发事件的实验训练帮助学习者更深入地掌握和理解行为与触发事件设置规律，最后是对行为与触发事件的设置进行整体的介绍。

5.1.1 帧动画行为控制与触发事件体验

1. 新建项目并制作帧动画

新建项目，绘制一个圆。对圆制作一个从下到上运动的帧动画，图5.1所示为帧动画的起始位置，图5.2所示为帧动画的终止位置。

2. 行为演示体验

单击图5.2中的【添加/编辑行为】按钮，弹出【编辑行为】对话框，如图5.3所示。

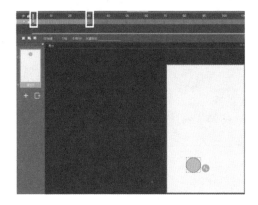

图5.1　帧动画起始位置

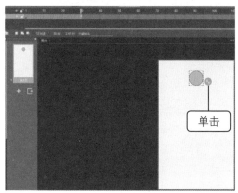

图5.2　帧动画终止位置

从图5.3中可以看到，"描述""行为""触发条件""操作"栏下方无内容，这说明没有对动画进行行为设置。在此情况下，单击【预览】按钮，圆会自动从初始位置按照动画运动轨迹匀速、流畅地移动到终止位置。

图5.3　【添加/编辑行为】对话框

单击【动画播放控制】按钮，再单击选择"下一帧"，然后单击【触发条件】下拉按钮，在弹出的列表中选择"点击"，如图5.4所示。接着单击【预览】按钮，此时的运行结果与没有进行任何行为设置时的效果相同。

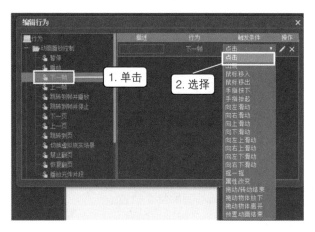

图5.4　设置行为和触发条件

通过对比可以看出，帧动画行为默认的执行条件是"下一帧"和"单击"，如

图5.4所示。

如果将圆的"行为"设置为"下一帧","触发条件"设置为"出现",如图5.5所示,单击【预览】按钮,可以发现圆的运动效果与图5.3和图5.4设置后的效果相同,只是运动速度加快了1倍。

将帧动画的"行为"与"触发条件"设置为"下一帧"和"出现"的情况下,动画运动速度会加快的原因是,在应用程序中,"下一帧""点击"比"下一帧""出现"执行的步骤多一些。

单击【动画播放控制】按钮,在【行为】组中选择"暂停",将"触发条件"设置为"出现",如图5.6所示,然后单击【预览】按钮,此时动画不会运动,即动画处于页面的初始位置,保持静止状态。由此可知,这个设置的含义是运动物体在页面一出现就停止运动。

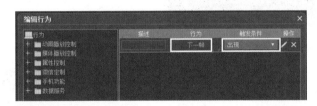

图5.5　将动画物体的"行为"设置为"下一帧"→"出现"

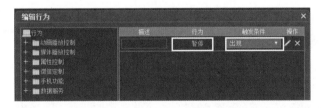

图5.6　该设置使圆在页面一出现就停止运动

所以,如果不希望动画自动执行,就需要进行"暂停"等设置,并与"播放"或"下一帧"等设置结合使用。

如果需要动画在运动过程中停止运动,则可将帧动画的"行为"和"触发条件"分别设置为"暂停"和"点击",如图5.7所示。用户在浏览的过程中,只要单击一下物体(本例中的物体是圆),物体运动就会停止,但动画停止运动后不会

图5.7　设置为"暂停"和"点击"

再被激活。

如果用户需要将动画运动设计成用户浏览时，帧动画自动播放；要求物体停止运动时，物体停止运动；需要其继续运动时，物体继续运动，则可将"行为"和"触发事件"设置为图5.8所示的状态。

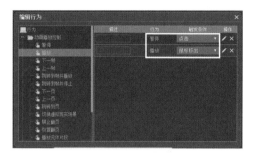

图5.8　"行为和触发条件"设置

按图5.8所示的方式设置行为和触发条件，那么用户在浏览时，单击物体，物体会停止运动，将鼠标指针移出物体，物体则会继续运动。

行为与触发事件的设置有多种组合方式，用户可根据需要进行相应设置。

5.1.2　任务解析——安全驾驶的交互动画1

根据上一节学习的"行为"和"触发条件"的知识及设置方法，制作一个提醒司机在驾驶过程中要集中注意力的动画公益广告作品，制作要求如下。

（1）页面初始状态是公路上有一辆汽车，有一个小朋友蹲在路中间为一只小鸟撑伞，如图5.9所示。

图5.9　初始状态

（2）单击页面上的轿车，轿车开始沿公路行驶。

（3）当轿车行驶到距离小朋友很近的时候，页面出现"快刹车，要撞人了！"的文字提示，如图5.10所示。

图5.10　轿车接近小朋友时的状态

（4）此时，用户单击轿车，轿车会立即停止行驶。如果用户此时（或在此之前）不单击轿车，轿车则会撞上小朋友，页面显示如图5.11所示。

图5.11　轿车撞倒小朋友后的状态

任务目的　通过完成这项任务，对"行为"和"触发事件"有初步的认识和了解，体会设置"行为"和"触发事件"的作用，并掌握基本的设置操作。

操作步骤

（1）素材准备

素材包括场景图片、轿车图片、事故描述图片以及文字提示图片，如图5.12所示。

（2）新建项目，设置舞台

新建项目，将舞台设置成横向，如图5.13所示。

图5.12　素材

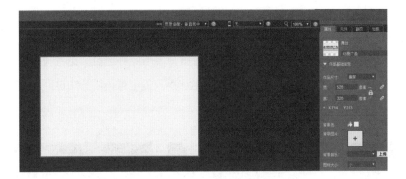

图5.13　将舞台设置成横向

（3）新建图层，导入图片，制作动画

新建5个图层，将各素材分别导入不同的图层中，并制作动画。

1）导入场景图片。

将鼠标指针移至时间轴第0层第1帧位置，导入场景图片，然后将鼠标指针移至本层第60帧位置，插入帧，如图5.14所示。

2）导入轿车、制作动画，设置行为。

① 将鼠标指针移至时间轴第2层第1帧位置，导入轿车图片，确定轿车的大小和初始位置。

② 将鼠标指针移至时间轴第2层第2帧位置，单击鼠标右键，选择【插入关键帧】命令。

③ 将鼠标指针移至时间轴第2层第60帧位置。单击鼠标右键，选择【插入帧】命令。

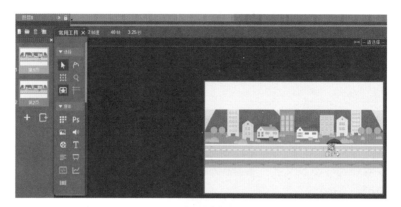

图5.14 导入场景并插入帧

④ 将鼠标指针移至时间轴第2层第40帧位置，单击鼠标右键，选择【插入关键帧】命令。

⑤ 将鼠标指针移至时间轴第2层第40帧位置，单击鼠标右键，选择【插入关键帧动画】命令，再选中轿车，将轿车拖曳至与小朋友重合的位置，如图5.15所示。

⑥ 将鼠标指针移至时间轴第2层第60帧位置，单击鼠标右键，选择【插入关键帧动画】命令，再选中轿车，将轿车拖曳至车头接触小朋友的位置，如图5.16所示。

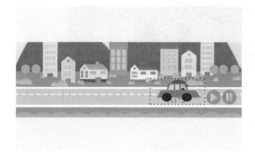

图5.15 轿车在40帧位置

图5.16 轿车在60帧位置

⑦ 对轿车进行行为设置。选中轿车，单击【添加/编辑行为】按钮 → 【动画播放控制】按钮，设置行为及触发条件，设置结果如图5.17所示。

3）导入爆炸图片、制作动画，设置行为。

图5.17 对轿车进行行为及触发条件设置

① 将鼠标指针移至时间轴第1层第44帧位置，导入爆炸图片，确定爆炸图片的大小和位置。

② 将鼠标指针移至时间轴第1层44帧位置，单击鼠标右键，选择【插入关键帧】命令。

③ 将鼠标指针移至时间轴第1层第60帧位置，单击鼠标右键，选择【插入帧】命令。

④ 将鼠标指针移至时间轴第1层第60帧位置，单击鼠标右键，选择【插入关键帧动画】命令。

⑤ 将鼠标指针移至爆炸图片上，选中爆炸图片，单击鼠标右键，选择【放大爆炸图片】命令，并保持爆炸图片的位置不变，如图5.18所示。

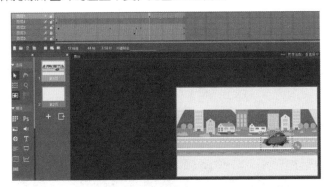

图5.18　爆炸图片处理与动画制作

> **要点提示**　之所以将爆炸图片导入图层1，而将轿车放在图层2，是为了达到如果轿车撞倒小朋友，爆炸图案出现在轿车前面的效果。

4）提示语动画制作。

① 将鼠标指针移至时间轴第3层第35帧位置，导入提示语图片，确定提示语图片的大小和位置，如图5.19所示。

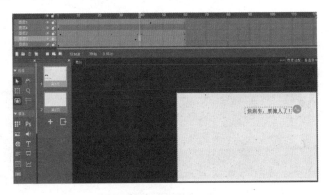

图5.19　添加提示语

② 将鼠标指针移至时间轴第3层第35帧位置，单击鼠标右键，选择【插入关键帧】命令。

③ 将鼠标指针移至时间轴第3层第60帧位置，单击鼠标右键，选择【插入帧】命令。

④ 将鼠标指针移至时间轴第3层第60帧位置，单击鼠标右键，选择【插入关键帧动画】命令。

图5.20 提示语变形设置

⑤ 选中提示语图片，单击【变形】按钮 **田**，压缩文字图片，结果如图5.20所示。

5）触发按钮的设计制作。

① 根据任务要求，本案例中的触发按钮是轿车。将轿车导入到时间轴第4层第1帧位置，并输入文字"启动汽车（点击汽车）"，如图5.21所示。

要点提示 触发按钮层只有一帧。

图5.21 导入轿车到

② 对触发按钮（轿车）进行行为及触发条件设置，结果如图5.22所示。

图5.22 行为及触发条件设置

思考：

（1）变化图层顺序会出现什么结果，分别总结出不影响页面效果和影响页面效果的设置规律。

（2）触发按钮层如果设置有多帧，会产生什么后果？为什么？

（3）爆炸图片的动画设置，如果采用预置动画，那么得到的页面效果是什么？为什么？

（4）提示语为什么采用帧动画的形式来制作，如果采用预置动画设置，页面效果是什么？为什么？

5.1.3 行为/触发事件实验

新建一个项目，在舞台上绘制一个矩形，并制作一个矩形从舞台左运动到舞台右的帧动画，按图5.23～图5.28进行行为及触发条件的设置，并记录结果，总结其中的运动规律。

图5.23 行为/触发条件设置1

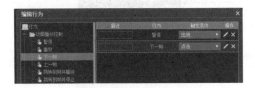

图5.24 行为/触发条件设置2

图5.25 行为/触发条件设置3

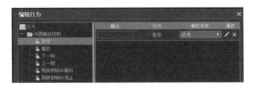

图5.26 行为/触发条件设置4

图5.27 行为/触发条件设置5

图5.28 行为/触发条件设置6

练一练 改进"提醒司机开车要集中注意力"的互动动画公益广告。例如，在汽车撞倒小朋友后，将提示语变成"不好，撞人了！"；在轿车刹车后，小朋友从公路上跑出去，然后轿车继续行驶等。

5.1.4 行为与触发事件介绍

在对行为与触发事件有初步的认识和了解之后，现在将进一步深入介绍行为与触发事件的相关知识。

行为是一些链接功能的集合，在Mugeda中，行为主要用于解决帧链接和页链接问题，以及物体和物体之间的关联问题（关联可以理解为是控制与被控制），相当于帧的超链接和页面之间的超链接，只是行为所具有的控制和链接功能比超链接强。

在Mugeda中，行为是根据制作要求来设置的。

1. 行为编辑

行为是针对特定对象设置的，这里是先在一个页面上绘制一个矩形，也就是制作一个物体。选中物体（矩形），在物体的右下角会出现两个按钮，其中一个是【添加预置动画】按钮，另一个是【添加行为】按钮，如图5.29所示。

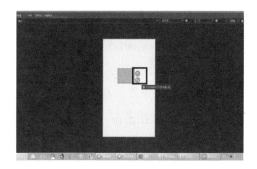

图5.29　行为编辑按钮

单击【添加】→【编辑行为】按钮 ，弹出【编辑行为】对话框，如图5.30所示。

图5.30　编辑行为选项卡

从编辑行为选项列表中可以看到，行为设置包括动画播放控制、媒体播放控制、属性控制、微信定制、手机功能和数据服务等内容。

单击各行为项会弹出相应的行为选项，图5.31～图5.36分别为各行为选项列表。

图5.31　【动画播放控制】选项列表

图5.32　【媒体播放控制】选项列表

图5.33　【属性控制】选项列表　图5.34　【微信定制】选项列表　图5.35　【手机功能】选项列表

2. 触发事件

触发事件与行为相对应，触发事件是控制行为的方式。触发事件包括多种触发方式，如"点击""出现""摇一摇"等。设置触发方式的方法：单击【触发条件】下拉按钮▼，弹出【触发条件】选项列表，从中选择需要的效果选项即可，如图5.37所示。

图5.36　【数据服务】选项列表　　　　图5.37　【触发条件】选列表

3. 操作

对"物体"（如本例中的矩形）设置行为和触发事件后，单击"操作"下的【编辑】按钮✐，如图5.38所示，弹出【参数】对话框，此时可对行为进行进一步的操作控制设置，如图5.39所示。

图5.38　【编辑行为】对话框

行为不同，参数设置中所出现的参数项目是不同的，在后面各部分内容中会详细介绍。

4. 删除行为

若要删除行为，只需单击图5.38中"操作"下方的【关闭】按钮即可。

图5.39　【参数】对话框

5.1.5　课堂实训——安全驾驶的交互动画2

改进5.1.2节安全驾驶的交互动画的设计制作。要求动画效果如下：轿车行驶在一条空旷的马路上，突然有只小猫咪穿行（小猫咪离轿车很近），此时轿车停止行驶，小猫咪顺利穿过马路，之后轿车继续行驶。

5.2　帧行为交互控制

5.2.1　任务解析——轮播甲骨文"鹿""虎""比""从"1

现有虎、鹿、比、从4个繁体汉字，要求设计制作出如下页面浏览效果。

将4个繁体汉字分成两组，鹿、虎为一组，比、从为一组。利用一个页面，通过对按钮进行操作，来分别浏览两组繁体汉字。

任务目的　掌握利用帧行为设置交互设计的方法。

操作步骤

1. 规划设计

如图5.40所示，页面中有两个按钮，单击左边的按钮，显示鹿、虎两个繁体汉字；单击右边的按钮，显示比、从两个繁体汉字。

2. 素材准备

对汉字进行处理，并处理成如图5.41所示的图片。

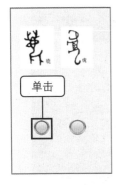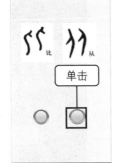

（a）显示页面1　　　（b）显示页面2

图5.40　规划

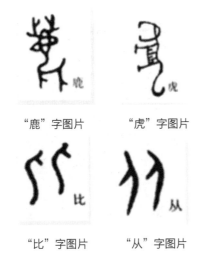

"鹿"字图片　　　　"虎"字图片

"比"字图片　　　　"从"字图片

图5.41　素材

3. 制作

（1）新建项目

新建一个项目，设置该项目的舞台为竖版。

（2）导入"鹿"字、"虎"字图片

将鼠标指针移至时间轴第0层第1帧位置，然后将"鹿"字和"虎"字两个字的图片导入到舞台上，调整图片的大小和位置，使第1帧显示虎和鹿两个字的图片。

（3）导入"比"字、"从"字图片

将鼠标指针移至时间轴第0层第2帧位置，然后将"比"字和"从"字两个字的图片导入到舞台上，调整图片的大小和位置，使第2帧显示比和从两个字的图片。

（4）制作按钮

1）新建图层1。

2）将鼠标指针移至图层1第1帧位置，然后在页面上绘制两个圆，作为操作按钮。

3）将鼠标指针移至图层1第2帧位置，单击鼠标右键，选择【插入帧】命令，使图层1第1帧和第2帧都能显示按钮。

4）制作结果如图5.42和图5.43所示。

图5.42　第1帧显示内容

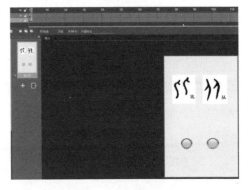

图5.43　第2帧显示内容

（5）帧行为控制制作

1）左边按钮行为设置。

① 选中左边按钮，单击【添加/编辑行为】按钮 。

② 选择【编辑行为】选项卡下的【动画播放控制】按钮，选择【跳转到帧并播放】选项，触发条件选择"点击"，如图5.44所示。

图5.45　左边按钮参数设置

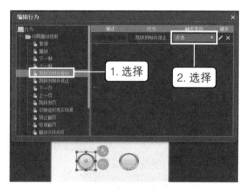

图5.44　行为设置

③ 单击图5.44左边"操作"下面的【编辑】按钮 ，弹出【参数】对话框。在"帧号"中输入"1"，单击【确认】按钮，如图5.45所示。

2）右边按钮行为设置。

用相同的方法，设置右边按钮的行为，在【参数】对话框的"帧号"中输入"2"，单击【确认】按钮，如图5.46所示。

（6）预览、保存、发布作品。

预览设计效果，保存后并发布作品。

图5.46　右边按钮参数设置

5.2.2　课堂实训——利用帧行为控制4格漫画的播放效果

将一幅4格漫画作品，利用帧行为控制方式，制作一个浏览4格漫画的页面。浏览效果要求：页面中先后出现的画面是封面、第1格漫画、第2格漫画、第3格漫画、第4格漫画、封底，单击每一个画面后就进入到下一个画面。

5.3　页行为交互控制

页行为用于解决页与页之间的关联关系。

5.3.1　任务解析——轮播甲骨文"鹿""虎""比""从"2

现有虎、鹿、比、从4个繁体汉字，要求利用页行为设置实现如下的页面浏览效果。

将4个繁体汉字分成两组，每组用1个页面表示，通过对按钮的操作来分别浏览两组繁体汉字。

任务目的　掌握利用页行为设置交互设计的方法。

操作步骤

1. 规划设计

如图5.47所示，页面1中有虎、鹿两个繁体汉字的图片及一个按钮；页面2中有比、从两个繁体汉字的图片及一个按钮。

页面操作控制要求：当单击第1页的按钮时，跳转显示第2页，当单击第2页的按钮时跳转显示第1页。

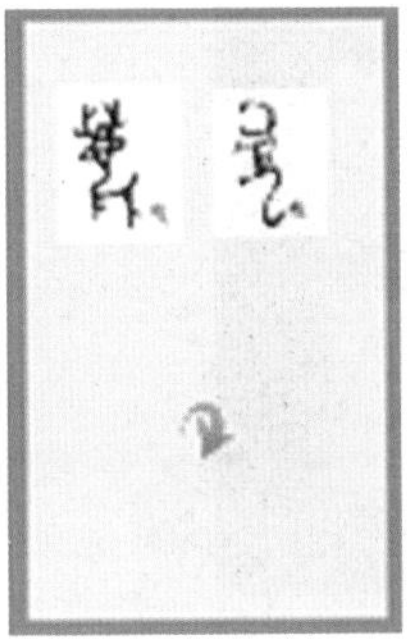

（a）页面1

（b）页面2

图5.47　规划两个页面

2. 素材准备

制作图5.48所示的素材。

（a）"鹿"字图片　　（b）"虎"字图片　　（c）"比"字图片　　（d）"从"字图片

（e）按钮1图片　　（f）按钮2图片

图5.48　素材

3. 制作

（1）页面制作

① 新建两个页面。

② 在第1页中，将鼠标指针移至时间轴第0层第1帧位置，单击；将"虎"字、"鹿"字两个字的图片以及第1页上的按钮图片导入舞台，使第1页第1帧显示虎、鹿两个字以及按钮。

③ 在第2页中，将鼠标指针移至时间轴第0层第1帧位置，单击；将"比"字、"从"字两个字的图片以及第2页上的按钮图片导入舞台，使第2页第1帧显示比、从两个字以及按钮。制作结果如图5.49所示。

图5.49　页面制作结果

（2）第1页按钮跳转行为设置

选中第1页的按钮图标，单击。单击【添加/编辑行为】按钮，在【编辑行为】对话框中单击【动画播放控制】按钮，选择【下一页】选项，触发条件选择"点击"，如图5.50所示。

（3）第2页按钮跳转行为设置

选中第2页的按钮图标，单击。单击【添加/编辑行为】按钮，在【编辑行为】对话框中单击【动画播放控制】按钮，选择【上一页】选项，触发条件选择

"点击"，如图5.51所示。

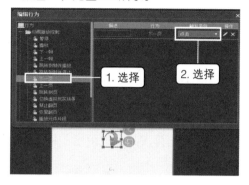

图5.50　第1页按钮跳转行为设置

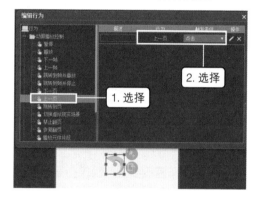

图5.51　第2页按钮跳转行为设置

（4）预览、保存、发布。

预览作品，若满意，则保存并发布该作品。

> **要点提示**　在作品编辑界面的右侧，有【翻页】面板（属性右侧），单击【翻页】面板，如图5.52所示。在其中可以设置翻页效果、翻页方向、翻页时间和翻页图标。

图5.52　翻页设置

5.3.2　课堂实训——利用页行为控制4格漫画播放

用页行为控制的方式，完成5.3的4格漫画浏览效果的设计制作。

5.4　多图层帧的交互设计与制作

交互控制就是利用行为设置实现物体之间、页之间、帧之间的行为转换。本章前面介绍的帧行为和页行为的例子是简单的交互控制，下面介绍的交互设计涉及多个图层，相对较复杂些。

5.4.1　任务解析——轮播甲骨文"从、比、北"

现有甲骨文"从、比、北"3个字的图片，要求以帧行为控制方式实现如下浏览效果：单击页面下方的任意一个甲骨文按钮，则显示与按钮相对应的内容"页"的内容，如图5.53所示。

即分别单击页面下端左、中、右的文字缩略图标，页面显示结果分别如图5.54、图5.55和图5.56所示。

图5.53　首页面效果　　　图5.54　甲骨文"从"字　　　图5.55　甲骨文"比"字　　　图5.56　甲骨文"北"字

要点提示　图5.54、图5.55和图5.56所示的内容可以用文字、图片、视频、动画等形式来呈现，为了简便，这里采用的是图片形式。

任务目的　通过本任务，加深对帧行为设置的认识和理解，熟练掌握利用帧行为进行交互设计的方法。

操作步骤

在素材准备完成之后，新建项目，然后开始制作。

1. 制作文字

选中图层0的第1帧位置，单击【文字】按钮 T，输入文字，调整文字大小，设置文字字体和颜色，如图5.57所示。

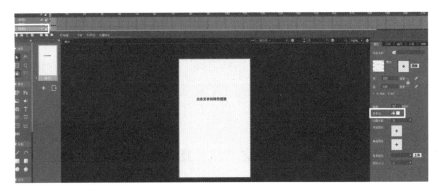

图5.57 文字制作

2. 制作按钮

单击【新建图层】按钮，新建图层1、图层2两个图层。选中图层2，确定帧位置为第1帧位置，之后导入3个按钮图片，如图5.58所示。

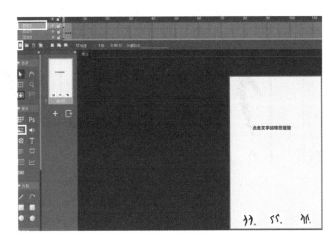

图5.58 制作按钮

3. 制作页面内容

（1）选中图层1，确定帧位置为第2帧位置，单击鼠标右键，选择【插入帧】命令；将鼠标指针再次移动到时间轴上的第2帧位置，单击鼠标右键；选择【插入关键帧】命令，然后单击【导入图片】按钮，导入"从"字图片，如图5.59所示。

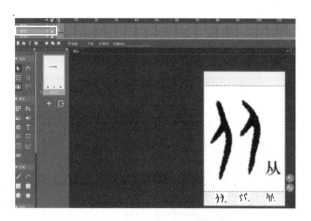

图5.59　制作第2帧页面内容

（2）选中图层1，确定帧位置为第3帧位置，单击鼠标右键，选择【插入帧】命令；再次右键单击第3帧位置，选择【插入关键帧】命令，然后单击【导入图片】按钮，导入"比"字图片。

（3）选中图层1，确定帧位置为第4帧位置，单击鼠标右键，选择【插入帧】命令；再次右键单击第4帧位置，选择【插入关键帧】命令，然后单击【导入图片】按钮，导入"北"字图片。

4. 行为设置

（1）选中图层1，将指针定位在时间轴第1帧位置，为文字设置行为。单击【添加/编辑行为】按钮，在动画播放控制中，选择【暂停】选项，将"触发条件"设置为"出现"，如图5.60所示。

图5.60　文字行为设置

（2）选择图层2，为按钮设置行为。分别单击左、中、右的【添加/编辑行为】按钮，在动画播放控制中，选择【跳转到帧并停止】选项，将"触发条件"设置为"点击"，如图5.61所示。

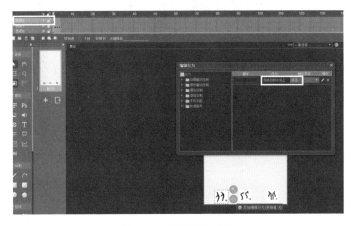

图5.61　按钮行为设置

（3）单击图5.61中的【编辑】按钮，设置行为参数。将左边按钮的"帧号"设置为"2"；中间按钮的"帧号"设置为"3"；右边按钮的"帧号"设置为"4"。图5.62所示的是左边按钮的帧号参数。

> **要点提示**　跳转到帧并停止的含义：页面显示指定（跳转）帧位置的内容，并且页面停留在指定帧上。

图5.62　按钮行为参数设置

5.4.2　课堂实训——种花生小游戏

（1）页面中有一个箱子，出现提示"单击获取种子"。

（2）单击箱子，箱子打开，蹦出一粒花生种子，然后出现提示"单击种子播种"。

（3）单击种子，跳转到下一个页面，场景是一块土地，单击土地，花生种子跳入到土地里。

（4）花生种子进入土地后，在种子旁出现一把水壶，出现提示"单击浇水"。

（5）单击水壶，在花生种下种子的上方出现水壶浇水的动画，浇水结束后，水壶消失。

（6）种下种子的位置发芽。

动画应用

第6章

在Mugeda中，除了可以制作帧动画，还可以制作进度动画、路径动画、曲线动画、遮罩动画、元件动画等，制作者可以根据应用需求，灵活选用合适的动画进行设计创作。

6.1 进度动画

进度动画用于呈现图形绘制或形成的过程。图6.1和图6.2分别为鲸鱼和吊车的简笔画，如果要呈现鲸鱼和吊车的图形绘制过程，可以利用进度动画来实现。

图6.1 鲸鱼　　　　　图6.2 吊车

6.1.1 任务解析——制作绘制小房子的进度动画

绘制一个小房子的剪贴画，并演示其绘制过程，如图6.3所示。

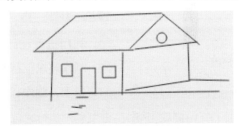

图6.3 小房子剪贴画

任务目的 掌握进度动画的制作方法。

操作步骤

1. 新建项目，绘制图形

新建项目，在舞台上绘制一个如图6.3所示的小房子，其图层处于图层0，帧位置处于第1帧位置。

2. 制作进度动画

（1）组操作

制作进度动画，需要先使所绘图形的所有笔画成为一体，图6.3所示的小房子剪贴画不是一笔完成的，所以需要通过"组"操作，使图变成一个"整体"。

使图中所有笔画成为一体的操作:将鼠标指针移至时间轴图层0第1帧位置，单击。然后将鼠标指针移至所选图的任何一个位置，单击鼠标右键，选择【组】命令，结果如图6.4所示。

图6.4 形成组

（2）插入帧

设置动画在时间轴 1至30帧区间运动，将鼠标指针移至时间轴第30帧位置，

单击鼠标右键，选择【插入帧】命令，如图6.5所示。

图6.5 插入帧

（3）进度动画设置

将鼠标指针移至时间轴已经插入帧的任意一个位置（0帧<位置<30帧），单击鼠标右键，选择【插入进度动画】命令，如图6.6所示。

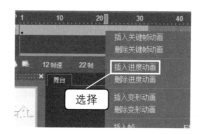

图6.6 插入进度动画

3. 预览、保存、发布

预览动画效果，保存该作品后发布。

6.1.2 课堂实训——制作保护动物的动画广告

利用进度动画制作如图6.7所示的广告。制作要求: 在以白色和黄色为背景色的背景中，制作一幅犀牛的进度动画，当进度动画执行完成后，页面中出现广告语"关爱自然，保护动物"，如图6.7所示。

图6.7　保护动物广告效果

6.2　路径动画

物体沿指定的运动路径运动的动画为路径动画。制作路径动画首先要完成帧动画的制作。

6.2.1　任务解析——制作汽车行驶的路径动画

如图6.8所示，有一条盘山公路，公路上有一辆行驶的轿车。要求利用路径动画技术制作出轿车沿公路行驶的动画效果。

任务目的　掌握路径动画的制作方法。

图6.8　任务图例

操作步骤

1. 制作帧动画

制作一个包括4个关键帧、3段路径的从舞台底部向舞台上方折线运动的帧动画，如图6.9所示。

2. 显示帧动画路径

将鼠标指针移至时间轴第1帧位置，单击鼠标右键，选择【切换路径显示】命令，帧动画的运动路径如图6.10所示。

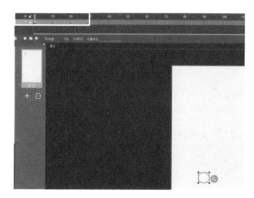

图6.9 帧动画

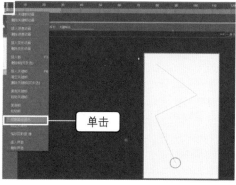

图6.10 帧动画运动路径

3. 自定义路径设置

（1）将鼠标指针移至时间轴第1帧位置（关键帧位置），单击鼠标右键，选择【自定义路径】命令，帧动画运动路径改变颜色，如图6.11所示。

（2）返回到关键帧位置。

（3）在工具箱中，单击【节点】按钮，框选舞台上的动画节点，如图6.12所示。

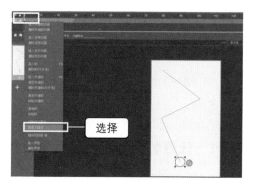

图6.11 自定义路径显示

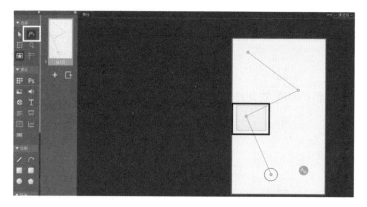

图6.12 框选节点

（4）利用节点控制滑杆调整路径，如图6.13和图6.14所示。调整后，动画会沿曲线运动。

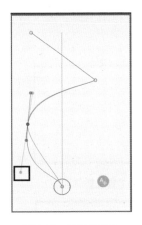

图6.13　调整路径1

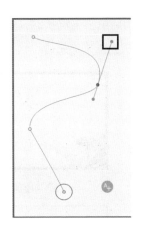

图6.14　调整路径2

4. 预览、保存、发布

预览动画效果，保存作品并发布。

6.2.2　课堂实训——制作汽车动画广告

模仿前面的实例，制作轿车沿盘山公路行驶的动画，制作过程提示如下。

（1）素材准备。一张轿车（运输车、越野车等均可）图片，一张背景图片。

（2）新建项目，并将舞台设置为横向。

（3）设置背景，将轿车图片导入到舞台上。

（4）制作帧动画。

（5）设置路径动画，调整汽车运动路径。调整后，轿车会沿公路行驶。

在轿车沿盘山公路行驶的动画的基础上，为中国某汽车品牌设计制作一个动画广告。要求：在汽车行驶出公路消失后，页面中弹出汽车车标及广告语。车标做左右曲线上升运动，当车标消失后，翻页，展示车的性能、尺寸等指标信息。

6.3　曲线动画

曲线动画是用于将一个图形形状变成另一个图形形状的动画。

6.3.1　任务解析——制作"和爸爸一起钓鱼"动画

制作一个女儿和爸爸一起钓鱼的动画。图6.15a所示为动画初始状态，图6.15b所

示为鱼上钩后鱼竿下沉状态，图6.15c所示为在提竿过程中出现动画主题文字状态，
图6.15d所示为鱼竿提起最终状态。

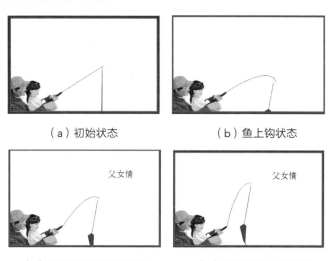

（a）初始状态　　　　　　　（b）鱼上钩状态

（c）提竿过程出现广告语　　　（d）鱼竿提起最终状态

图6.15　动画不同时刻的状态

任务目的　掌握曲线动画的制作方法。

1. 初识曲线动画

现有一个矩形，如果需要一个将矩形变化为三角形效果的动画，利用曲线动画制作
则十分轻松。制作过程如下。

（1）动画制作

① 在一个空白页的第1帧位置绘制一个矩形，如图6.16所示。

图6.16　绘制一个矩形

② 在第30帧位置插入帧。将鼠标指针移至时间轴第30帧位置，使时间轴1~30帧区间都有帧。单击鼠标右键，选择【插入帧】命令，如图6.17所示。

③ 将鼠标指针移至有帧的位置，单击鼠标右键，选择【插入变形动画】命令，如图6.18所示。

图6.17 插入帧

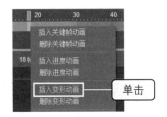

图6.18 插入变形动画

④ 将鼠标指针移至最后一帧位置（第30帧位置），单击【节点】按钮 ，如图6.19所示。

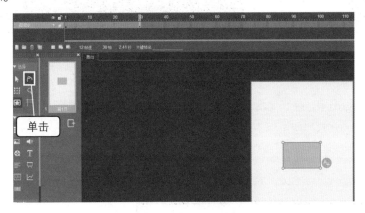

图6.19 选择节点工具

⑤ 用节点工具调整矩形节点，将矩形调整成三角形。选中矩形"左上"节点，拖动左节点至图6.20所示位置。选中矩形"右上"节点，拖动右节点至图6.21所示位置。调整节点后的图形如图6.22所示。

（2）动画颜色变化设置

在调整物体形状的过程中，物体的颜色也可以根据需要进行变换。将时间轴定位在动画最后1帧的位置，选中动画图形，设置图形填充色，如图6.23所示。设置后的结果是变换形状后物体的颜色。

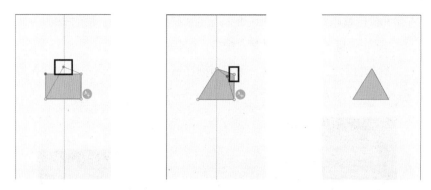

图6.20 移动左上节点位置　　图6.21 移动右上节点位置　　图6.22 调整节点位置后的图形

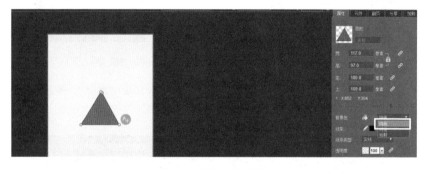

图6.23 设置物体颜色

（3）要点提示

① 在Mugeda中，曲线动画的对象是有限制的，如果设置对象超出规定的范围，屏幕就会出现图6.24所示的提示。

② 曲线动画中，变形只限于对一个物体，如图6.25所示。如果舞台上有多个物体，则无法制作曲线动画，但这个问题可通过层操作来解决。

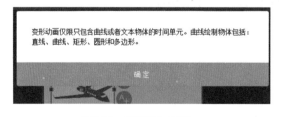

图6.24 曲线动画对象

图6.25 曲线动画物体数量限制

2. "和爸爸一起钓鱼"动画制作过程

（1）新建项目，导入背景

将鼠标指针移至图层0第1帧位置，将舞台设置成横向，单击背景中的按钮➕，导入已经准备好的背景图片，如图6.26所示。然后将鼠标指针移至图层0第50帧位置，单击鼠标右键，选择【插入帧】命令。

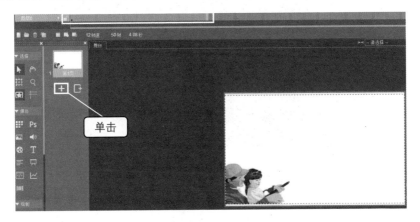

图6.26　导入背景

（2）制作鱼竿下沉动画

① 绘制鱼竿。单击【新建图层】按钮，将鼠标指针移至图层1第1帧位置，单击【曲线】按钮 ，绘制鱼竿，如图6.27所示。

② 插入帧。将鼠标指针移至图层1第10帧位置，单击鼠标右键，选择【插入帧】命令，如图6.28所示。

（a）选中曲线按钮　（b）绘制鱼竿后页面

图6.27　绘制鱼竿

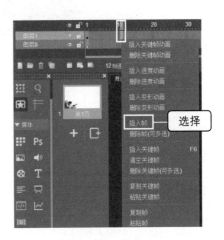

图6.28　插入帧

③ 插入变形动画。将鼠标指针移至图层1第10帧位置，单击鼠标右键，选择【插入变形动画】命令，结果如图6.29所示。

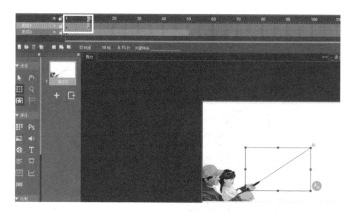

图6.29　插入变形动画

④ 鱼竿下沉变形处理。单击▦按钮→按钮，然后单击鱼竿前端的红点，并向下拖曳红点，效果如图6.30所示。至此鱼竿下沉动画制作完成。

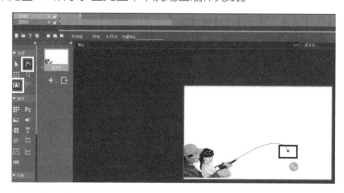

图6.30　鱼竿下垂动画设置

（3）制作提竿动画

① 插入变形动画。将鼠标指针移至图层1的第50帧位置，单击鼠标右键，选择【插入变形动画】命令，如图6.31所示。

② 确定鱼竿前端提竿最终位置。单击▦按钮→按钮，然后单击鱼竿前端的红点并拖动红点，确定鱼竿前端位置，结果如图6.32所示。

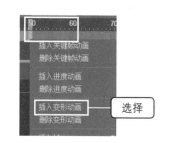

图6.31　插入帧、插入变形动画

③ 激活鱼竿末端。单击鱼竿末端，出现滑杆，如图6.33所示。

④ 鱼竿弧度变化处理。拖动滑杆，使鱼竿曲线呈"凸"状，如图6.34所示。至此，鱼竿动画制作完成。

图6.32　拖动鱼竿全部，确定鱼竿前端位置

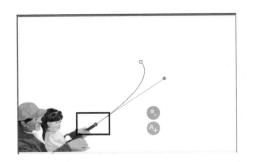

图6.33　单击鱼竿末端，出现滑杆

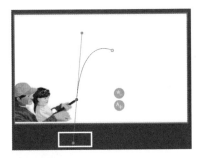

图6.34　提竿动画制作完成

（4）鱼线提起，鱼儿出水动画制作

① 转换图层到图层0。

② 按照制作鱼竿动画的方法制作鱼线提升动画，结果如图6.35所示。

（5）主题文字处理

① 新建图层2，将鼠标指针移至图层2第1帧位置，单击【文字】按钮 T ，输入文字"父女情"，调整字体、字号、文字的颜色以及文字的位置，如图6.36所示。

图6.35　钓鱼动画全部制作完成

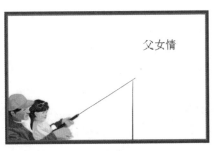

图6.36　编辑文字

② 为文字设置预置动画,如图6.37所示。

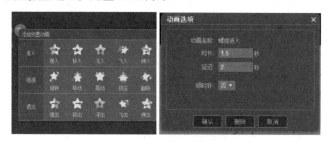

图6.37　设置预置动画

（6）保存,预览、发布

预览动画效果,保存作品并发布。

6.3.2　课堂实训——制作一个LED灯的H5动画广告

设计制作一个LED灯的H5动画广告。制作要求:在音乐的伴奏下,出现一个钨丝灯造型的灯泡,然后钨丝灯造型的灯泡逐渐变成了LED灯造型的灯泡,伴随着灯泡造型的变换,灯泡的色彩也发生变化,当灯泡变形结束后,广告语逐渐进入画面。

6.4　遮罩动画

遮罩动画可以实现很多特殊效果。制作遮罩动画时,至少需要两个图层,上面的图层为遮罩层,下面的图层为被遮罩层。其中,遮罩层为显示的区域,被遮罩层为显示的内容。

6.4.1　任务解析——制作按钮走光效果

制作一个按钮,按钮为蓝色背景,按钮上的文字为"春节快乐",要求制作出在按钮上出现从左到右走光的视觉效果。

任务目的　掌握遮罩动画的制作方法。

操作步骤

1.制作一个按钮

新建项目,将鼠标指针移至图层0第1帧位置,制作一个按钮,如图6.38所示。

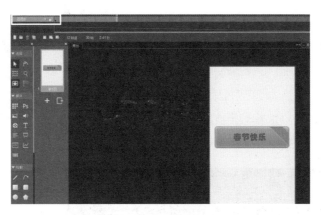

图6.38 制作按钮

2. 添加图层

单击2次【新建图层】按钮▉，新建图层1和图层2，如图6.39所示。

3. 复制0图层按钮至图层2

在图层0第1帧位置，选中制作的按钮，单击鼠标右键，选择【复制】命令；选中图层2，定位在时间轴第1帧位置，单击鼠标右键，选择【粘贴】命令，调整图层2中按钮的位置，使之与图层0的按钮重合，如图6.40所示。

4. 在图层1中制作一个帧动画，作为被遮罩动画

（1）在图层1第1帧位置绘制一个填充色为白色的矩形，为矩形设置透明度，选择变换工具，将矩形变换成有倾斜角度的矩形，如图6.41所示。

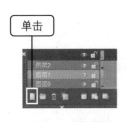

图6.39 添加图层　　图6.40 原位置复制按钮　　图6.41 绘制矩形

（2）选中图层2，并定位在图层2第1帧位置，单击【转为遮罩层】按钮，如图6.42所示。

（3）制作帧动画。在图层1制作矩形从左至右运动的帧动画。设置帧动画在第30帧处结束。将鼠标指针移至时间轴第30帧位置，如图6.43所示。单击鼠标右键，选择【插入关键帧动画】命令。

图6.42 设置遮罩层

（4）移动矩形至运动结束位置，如图6.44所示。

（5）补齐图层0的按钮帧至被遮动画最后一帧。

（6）预览动画效果，保存作品并发布。

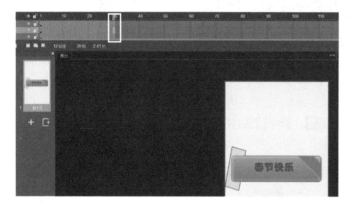

图6.43 制作帧动画

图6.44 设置动画运动结束位置

6.4.2 课堂实训——按钮走光效果制作

图6.45中，从左到右的3个图分别为H5页面的初始状态，动画运动过程状态，以及动画运动终止状态。试采用遮罩动画的方式完成动画设计制作。

图6.45 实训样本

6.5　元件动画

元件动画就是在元件中制作动画，每一个元件动画都是一个独立完整的动画，可以重复使用。例如，某企业有一个包括10个页面的H5页面宣传模板。模板的每个页面都包含企业的标志，每页的标志都是采用动画形式来表现的，动态标志被设计制作成多种形式。企业每天都要更新其H5宣传页面，然后公布。在更新页面内容的过程中，各页面的动态标志会根据页面内容的需要来选用。这就需要将设计制作的动画标志变成元件，随取随用。除动画外，还可以将一些在页面中需要多次重复使用的对象（元素或物体）制作成元件，以提高制作效率。

元件动画的制作，与前面所介绍过的各种动画设计制作没有区别，只是在制作之前需要将其设置成为元件。下面就以制作帧动画为例来介绍元件动画制作的方法和过程。

新建项目或编辑项目后，舞台上会存在多个物体，选中其中的某个物体，单击鼠标右键，选择【转换为元件】命令，在这个作品的元件库中就存有了由这个物体生成的元件。之后，即使页面上该物体被删除，元件库中依然存有该物体的元件。

 在制作元件动画之前，物体要处于"元件"状态。

6.5.1　任务解析——制作飞机群飞动画

任务目的　掌握元件动画制作的方法。

操作步骤

1. 制作"物体"，将物体转换为元件

在舞台上导入一个飞机图片，用变形工具调整图片大小，单击鼠标右键，选择【转换为元件】命令，如图6.46所示。

2. 状态转换

双击"元件"进入元件状态，这个步骤非常重要，如图6.47所示。

3. 制作元件动画

（1）插入帧。在时间轴上确定一个位置（第50帧的位置），单击鼠标右键，选择【插入帧】命令，如图6.48所示。

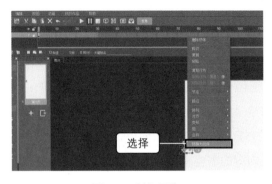 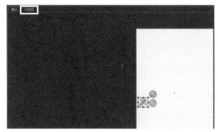

图6.46　制作元件　　　　　　　　　图6.47　元件界面

（2）插入关键帧动画。单击鼠标右键，选择【插入关键帧动画】命令，如图6.49所示。

（3）移动元件（飞机），确定动画运动结果的位置，如图6.50所示。

图6.48　插入帧　　　　　图6.49　插入关键帧动画　　　图6.50　设置动画运动结束位置

4. 调用元件

回到舞台页面，单击舞台右侧的【元件】选项卡，在【元件】面板中选中元件，用鼠标拖曳的方式，将3个元件拖入到舞台上。在图6.51中，舞台上现在出现了3张飞机图片。

5. 预览

单击【预览】按钮，可看到舞台上有3个飞机在飞行。

图6.51 舞台上的元件

6.5.2 课堂实训——制作禁烟广告素材元件

新建一个用于发布禁烟公益广告的项目，在项目中制作5款禁烟动画元件，用以制作时调用。

6.6 图层复制与帧复制

在制作H5页面的过程中，经常会遇到需要页面重复出现、某一帧或某几帧内容重复出现的情况。当出现这种情况时，如果制作者去重复制作，既耗费时间，又耗费精力，还容易出错，特别是在图层内容和帧内容都很复杂时，重复制作没有必要。图层复制和帧复制功能，很好地解决了上述问题。

6.6.1 任务解析——复制图层

任务要求 将第1页中图层0的内容复制到第2页的图层0中。

任务目的 掌握图层复制的操作方法。

要点提示 复制图层是通过复制帧的方式实现的。

操作步骤

（1）选中图层0中所有帧

选中第1页面图层0中所有的帧，如图6.52所示。

（2）复制操作

单击鼠标右键，选择【复制帧】命令，如图6.53所示。

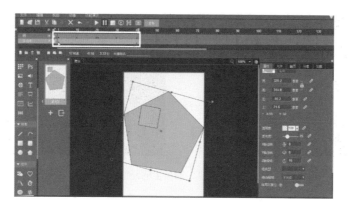

图6.52　选中帧

图6.53　复制帧

（3）添加页面

单击【添加新页面】按钮 ➕，添加一页页面（第2页），如图6.54所示。

图6.54　添加页

要点提示 第1帧已经存在一个"关键帧",如图6.55所示。

图6.55　帧

如果在有帧的图层上直接复制,会出现如下提示,即不能在关键帧上复制帧,如图6.56所示。

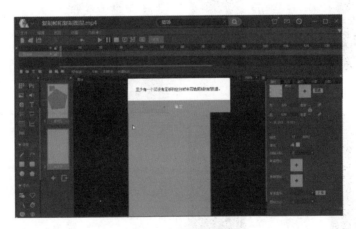

图6.56　操作失败提示

(4)粘贴

将鼠标指针移至第 2 页第2帧位置(即没有帧的位置),单击鼠标右键,选择【粘贴帧】命令,如图6.57所示。

图层复制完成,结果如图6.58所示。

(5)删除关键帧

将鼠标指针移至第 2 页第1帧的关键帧位置,单击鼠标右键,选择【删除帧】命令,如图6.59所示。

图6.57　粘贴

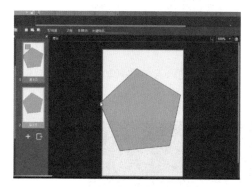

图6.58　复制结果

图6.59　删除帧

6.6.2　任务解析——复制帧

1. 复制一个或多个关键帧（或帧）

任务要求　将图层圆中第10帧内容复制

到同图层第15帧上。

任务目的　掌握图层复制关键帧（或帧）的操作方法。

操作步骤

（1）选中图层圆。将鼠标指针移至图层圆第10帧（第10帧属于关键帧）位置，单击鼠标右键，选择【复制关键帧】命令，如图6.60所示。

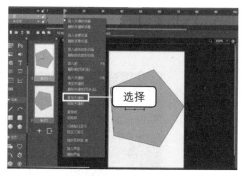

图6.60　复制关键帧

（2）将鼠标指针移至图层圆第15帧位置，单击鼠标右键，选择【粘贴关键帧】命令，如图6.61所示。

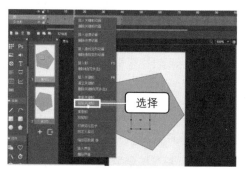

图6.61　粘贴关键帧

要点提示 ① Mugeda不支持对同一图层的多个关键帧进行同时复制操作。
② Mugeda支持对不同图层的"同一个"关键帧进行复制。
③ 在复制帧的过程中，粘贴帧的位置要求为"空"帧，即需为图层中没有插入过"帧"的帧位置。

2. 复制多个图层的关键帧

任务要求 复制指定图层的某一关键帧到指定帧位置。

任务目的 掌握同时复制多个图层的关键帧的方法。

操作步骤

（1）选中图层

选中图中4个图层的第10帧关键帧，如图6.62所示。

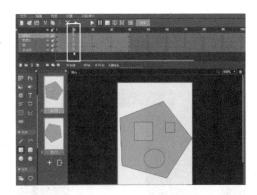

图6.62 选中关键帧

（2）复制操作

单击鼠标右键，选择【复制关键帧】命令，如图6.63所示。

（3）确定复制帧位置

将鼠标指针移至粘贴帧的位置，如图6.64所示。

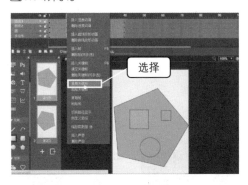

图6.63 复制关键帧

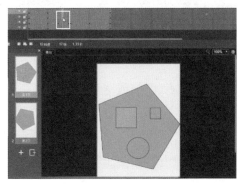

图6.64 选中粘贴位置

（4）粘贴操作

① 单击鼠标右键，选择【粘贴关键帧】命令，如图6.65所示。

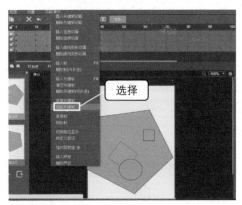

图6.65 粘贴关键帧

② 4个图层的关键帧全部粘贴到指定帧位置，复制完成，结果如图6.66所示。

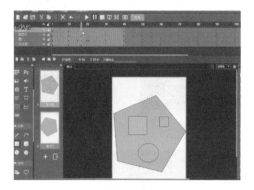

图6.66　复制结果

 要点提示　复制关键帧或图层，主要用于重复动作，如走路、表情、机械运动等。

3. 复制指定页多个图层多个关键帧到另一页中

（任务要求）　复制第2页所有层中的所有关键帧到第3页中。

（任务目的）　掌握复制指定页多个图层多个关键帧到另一页中的方法。

（操作步骤）

（1）选中第2页所有图层上的帧，如图6.67所示。

（2）复制操作。单击鼠标右键，选择【复制帧】命令，如图6.68所示。

（3）处理第3页。添加空白页（第3页），为空白页添加图层，如图6.69所示。

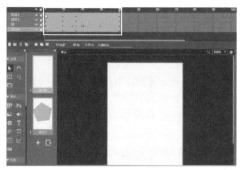

图6.67　选中帧

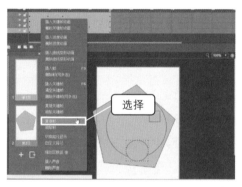

图6.68　复制帧

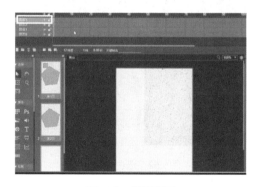

图6.69　新建图层

（4）粘贴操作。将鼠标指针移至第3页时间轴第2帧位置（第1帧已经存在一个关键帧，第2帧此时为"空"），单击鼠标右键，选择【粘贴帧】命令，如图6.70

所示。

复制完成后的效果如图6.71所示。

（5）删除多余的帧。第3页时间轴上的第1帧为多余的帧，可以删除该帧。单击鼠标右键，选择【删除帧】命令，如图6.72所示。

图6.70　粘贴帧

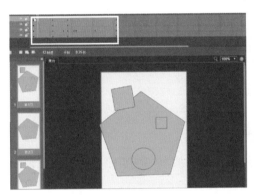

图6.71　复制结果

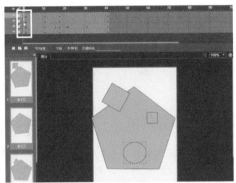

图6.72　删除多余帧

6.7　动画控制

动画控制就是通过控制按钮控制动画行为。本节将给出两个任务用来介绍动画控制。由于所有相关操作，在前面已经介绍过，所以在这里只介绍实现过程。希望学习者可以通过具体操作来体会动画控制的制作技巧。

6.7.1　任务解析——双按钮动画控制

【任务要求】　制作两个控制按钮，分别用于控制动画的暂停与播放，实现暂停与播放交互，如图6.73所示。

任务实现过程如下。

（1）新建一个图层，用于制作帧动画。

（2）为控制按钮添加一个图层，绘制两个按钮。

（3）设置按钮行为。

①【暂停】按钮设置：暂停、点击。

②【播放】按钮设置：暂停、点击。

如果按照如上方式进行设置，动画只能播放一次。如果在单击【暂停】按钮之前需要重复播放动画，解决方法如下。

①新建一个图层。

②在动画"终止"位置插入一个"关键帧"。

③在舞台外绘制一个图形。

④为图形设置行为：出现、跳转到帧并播放。帧位置设置为动画起始帧位置。

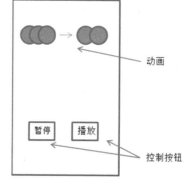

图6.73　演示图

> **要点提示** 不能使用循环播放设置。

6.7.2　任务解析——单按钮动画控制

任务要求　制作一个按钮，分别控制动画暂停与播放，实现暂停与播放交互，如图6.74所示。

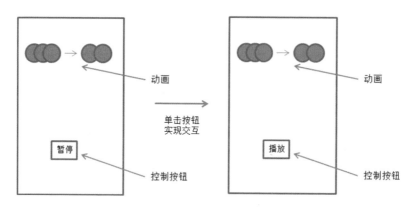

图6.74　演示图

任务完成过程提示如下。

（1）制作动画，添加行为为循环播放。

（2）制作1个按钮。

1）新建1个元件。

2）制作1个元件按钮。

①在第1帧文字输入"暂停"，即【暂停】按钮。

②在第2帧文字输入"播放"，即【播放】按钮。

• 插入帧。

• 插入关键帧。

• 将按钮名称改为"播放"。

3）新建图层。

4）选中第一帧，将元件按钮拖曳到舞台上。

预览时会发现"暂停""播放"循环交叉播放，解决方法如下。

（1）添加行为，将元件按钮暂停。

①双击【元件】按钮，进入【元件】编辑界面中。

②选中第1帧，为【暂停】按钮添加"暂停"行为，即动画播放控制为暂停-出现；编辑中的适用对象选择"元件"。

这是元件中的"暂停"。非控制舞台动画的"暂停"。

（2）控制舞台动画"暂停"。

1）双击元件按钮，进入【元件】编辑界面中。

2）添加"暂停"行为。

①行为1：暂停—点击，编辑中的作用对象选择"舞台"。

②行为2：设置跳转，即跳转至"播放帧"位置（第2帧）。

（3）播放控制设置。

①双击元件按钮，进入【元件】编辑界面中。

②选择第2帧（播放帧）。

③行为设置如下。

• 行为1：播放—点击，编辑中的作用对象选择"舞台"。

• 行为2：设置跳转，即跳转至"暂停"帧位置（第1帧）。

素材优化处理

制作H5页面需要各种素材，如图片、视频、声音等。在使用素材之前，如果不对其有针对性地进行优化处理，不仅会影响H5页面的制作效果，还会影响作品的正常使用。

7.1 图片压缩处理

受智能手机终端显示规格的限制，以及受通信性能的影响，H5页面中图片的精度不需要很高，这样可以避免占用较大的存储空间。特别是遇到PSD格式的图像文件，一定要对其进行相应处理，建议处理成PNG-8格式。下面将具体介绍对PSD格式的图像文件进行格式转换及压缩处理的方法。

7.1.1 对PSD文件进行格式转换

（1）使用Photoshop软件打开PSD格式的文件，如图7.1所示。

（2）使用【裁切】命令，裁剪透明像素，如图7.2所示。

（3）选择【透明像素】单选项，然后单击【确定】按钮，如图7.3所示。

（4）按组合键【Ctrl】+【Alt】+【Shift】+【S】，设置图片格式（即压缩图片）。在【预设】列表框中选择【PNG-8】格式，设置图片大小（即像素）在安全范围内，如图7.4所示。

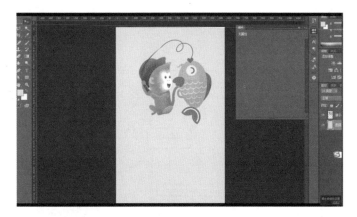

图7.1　用Photoshop打开PSD格式的文件

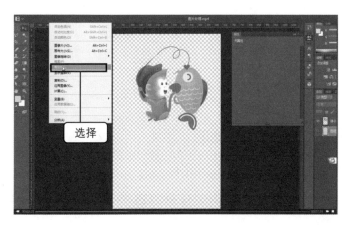

图7.2　裁剪透明像素

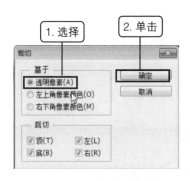

图7.3　设置透明度

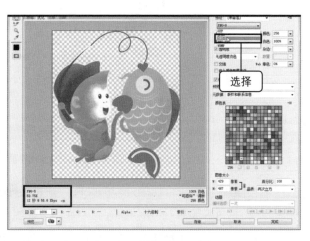

图7.4　设置图片格式和大小

（5）单击【存储】按钮，将优化后的文件保存到本地计算机的合适位置，单击【保存】按钮即可，如图7.5所示。

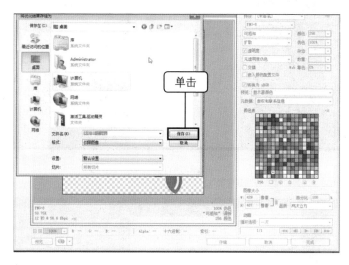

图7.5　保存文件

7.1.2　对PNG文件进行压缩处理

（1）打开TinyPNG软件，如图7.6所示。

图7.6　TinyPNG 软件界面

（2）选中需要进行压缩处理的文件，并将其拖入到TinyPNG界面中的位置，如图7.7和图7.8所示。

（3）软件会自动对拖入的文件进行压缩处理，如图7.9所示。

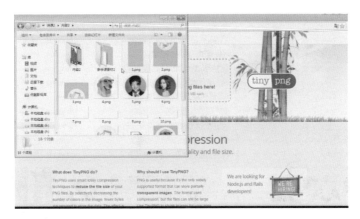

图7.7　拖曳文件

图7.8　拖入位置

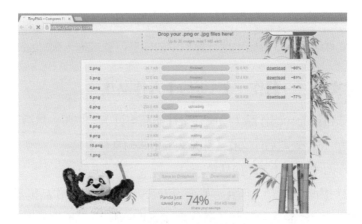

图7.9　压缩处理

（4）文件压缩完成后，单击【Download all】按钮，可以下载文件，如图7.10所示。

图7.10 下载

（5）查找文件的存储位置，如图7.11所示。

图7.11 查找文件存储位置

（6）将文件复制或保存到本地计算机中的任意位置或拖入到Mugeda中。

7.1.3 课堂实训——制作一个5页的个人作品集

（1）精选自己的10幅作品（绘画、设计作品均可），拍照，然后利用Photoshop软件进行处理，保存处理后的文件（生成PSD格式的文件）。

（2）处理图片，设计制作作品集。

要求：首页内容包括个人照片、姓名、专长等基本信息。作品集至少有5页，每页一至两幅作品，作品展示除图片外，要求标明图片名称和作品类型（如公益广告、摄影、速写等）。

7.2　视频处理

视频通常占用的存储空间都比较大，所以更有必要对视频素材进行合理的处理，以保证播放效果。一般来说，视频大小最好不要超过20MB，且最好采用MP4格式。

7.2.1　从素材库中导入视频

（1）在页面编辑界面中，单击【导入视频】按钮 ，弹出【导入视频】对话框，如图7.12所示。

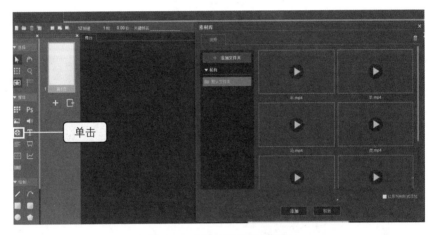

图7.12　【导入视频】对话框

（2）选择所需的视频素材文件，单击【添加】按钮，将视频素材文件导入舞台，如图7.13所示。

7.2.2　调整视频文件大小及播放位置

单击【变形】按钮 ，拖动视频文件，调整视频播放窗口的大小，拖动视频，调整视频的播放位置，如图7.14所示。

1.视频属性设置

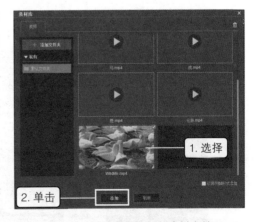

图7.13　选中并导入视频素材文件

这里仅介绍添加视频背景的方法，其他属性的设置用户可参考添加背景的方法。

图7.14 调整视频大小和位置

（1）选择"视频"，单击【属性】面板中图片项后面的 ➕，如图7.15所示。

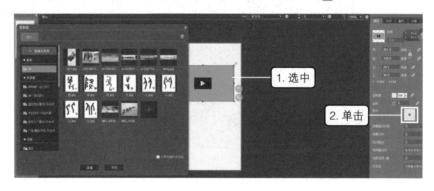

图7.15 属性栏图片项

（2）选择图片，单击【添加】按钮，如图7.16所示。

（3）背景图片添加成功，如图7.17所示。

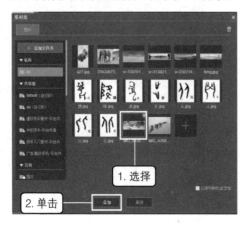

图7.16 添加图片

图7.17 视频背景添加完成

2. 视频播放后自动跳转到下一页设置

选中视频，单击【添加/编辑行为】按钮⚙，在【编辑行为】对话框中的"动画播放控制"下，选择【下一页】选项，触发条件选择"视频结束"，如图7.18所示。之后，选中视频，在【属性】面板中设置"隐藏控件"为"否"。

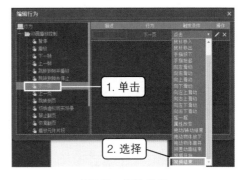

图7.18　行为设置

3. 视频压缩

如果视频占用的存储空间较大，有可能会播放不出视频，只能听到声音。视频压缩推荐使用的软件是Freemake Video Converter。

（1）启动Freemake Video Converter，其主界面如图7.19所示。

（2）单击【视频】按钮，开始视频处理，如图7.20所示。

图7.19　Freemake Video Converter主界面　　　　图7.20　视频界面

（3）选择视频文件，单击【打开】按钮，如图7.21所示。

图7.21　打开视频文件

（4）选择导出模式。如选择MP4模式，单击【转为MP4】按钮，如图7.22所示。

图7.22　选择导出模式

（5）在MP4预先设定的对话框中进行编辑，单击【编辑预先设定】按钮，设置相关参数，如图7.23所示。

图7.23　参数编辑窗口

1）画面大小参数设定，可以选择原始值，如图7.24和图7.25所示。也可以自定义参数，如设置宽度为1920，高度为1080，如图7.26所示。

图7.24　参数选择

图7.25　确定参数值

图7.26　自定义参数

2）编码器参数设定，即压缩方式设定。建议选择H.264格式，否则可能出现本地播放器可以播放，但在浏览器上无法播放的现象，如图7.27和图7.28所示。

设定为MP3格式，视频则不能正常播放。

图7.27　选择参数项

图7.29　帧速率参数

图7.28　确定参数值

图7.30　比特率参数

3）确定帧速率参数，一般保持原始速率，如图7.29所示。

4）比特率参数设定。比特率越大，导出的视频就越大，质量也越好。如果对视频质量要求不太高，可以设定比特率为3000，如图7.30所示。

5）音频格式设定。应该设定为AAC格式，这样才能保证视频在浏览器中可以正常播放，如图7.31所示。注意：如果

图7.31　音频格式设定

6）音频频道设定。可以选择原始，也可以选择立体声。如果选择立体声，文件会大一些，如图7.32所示。

图7.32　频道设定

7）音频采样率设定。采样率是指声音一秒钟播放的次数，类似于动画的帧数率，音频采样率越大，则导出的文件也越大，播放视频的声音质量越好。这里默认原始，可以将其设置为48000Hz，如图7.33所示。

图7.33　确定参数值

8）音频比特率参数设定。视频比特率一般选择240kbit/s就可以了，如图7.34所示。

图7.34　设定参数值

9）保存。设置好保存位置后，单击【保存】按钮，如图7.35和图7.36所示。

图7.35　设置保存位置

10）转换并确认。在弹出的对话框中依次单击【转换】按钮和【OK】按钮，如图7.37和图7.38所示。

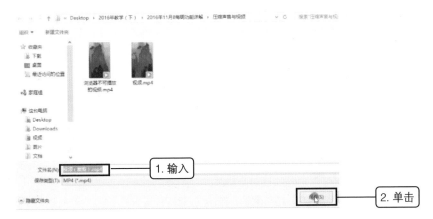

图7.36　命名、保存

图7.37　转换

图7.38　确认

压缩后的文件大小为1.25MB，播放时长为10秒，如图7.39所示。

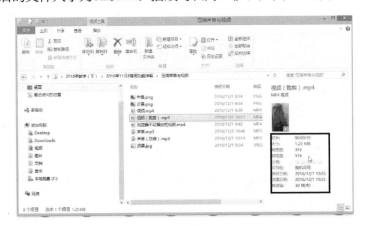

图7.39　压缩结果

要点
提示 视频压缩的两个重要参数中，视频编码必须是H.264；音频编码必须是AAC。

7.3 声音处理

声音文件格式，一般推荐使用MP3格式。因为大多数移动设备都支持MP3格式。

7.3.1 声音上传

单击【导入声音】按钮🔊，弹出【素材库】对话框，列表下方有【添加背景音乐】【添加音效】【刷新】3个选择按钮，如图7.40所示。

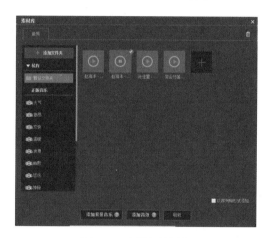

图7.40 音频素材列表

选择音频素材后，单击列表下的不同按钮，其功效是不同的，如表7.1所示。

表7.1 各按钮功能说明

按钮名称	功效	音频播放暂停按钮	音频播放暂停按钮编辑
背景音乐	音乐在作品的所有页面播放	隐藏。只有在播放作品时，会在屏幕右上角显示	因为图标被隐藏，所以无法对图标进行编辑
添加音效	音乐仅在当前页播放	在当前页面中间显示出来，播放作品时，单击音频按钮，播放声音，再次单击音频按钮，停止播放	选中按钮，用鼠标拖曳的方式，改变图标的位置。利用变形工具，改变图标的大小
刷新	素材选择失效，需要重新选择音频素材	—	—

7.3.2　更换添加音效后的声音图标

添加音效后，导入舞台上的声音文件"播放/暂停"图标是一个切换图标，即播放图标和暂停图标，如图7.41所示。

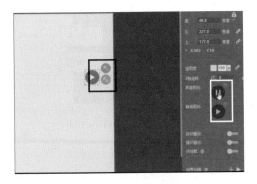

图7.41　声音文件图标

1. 调出素材

选中舞台上的声音图标，单击鼠标面板下的声音图标 ▮▮ 或静音图标 ▶，如图7.43所示，屏幕弹出【素材库】对话框，如图7.42所示。

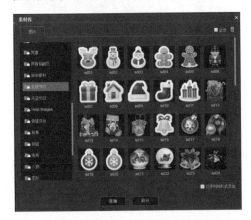

图7.42　图片素材列表

2. 更换图标

选择素材库中的素材，或到本地计算机中选择素材。此例选择的素材是素材库中的素材。选中素材后，单击【添加】按钮，如图7.43所示。播放或暂停图标被更换，如图7.44所示。

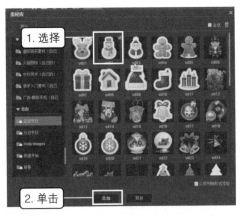

图7.43　选中图标，单击【添加】按钮

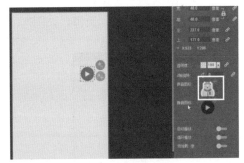

图7.44　图标被替换

7.3.3　利用"背景音乐"属性添加背景音乐

1. 采用"上传"方式添加背景音乐

在【属性】面板中，找到"背景音乐"，单击【上传】按钮，屏幕弹出如图7.40所示的【素材库】对话框。此时，选择背景音乐后，不论单击【添加背景音乐】按钮，还是单击【添加音效】按钮，都是添加背景音乐。音乐"播放/暂停"图标都只会在播放作品时显示出来。

2. 采用"直选"方式添加背景音乐

在【属性】面板中，找到"背景音乐"，单击背景音乐后音频文件搜索框中的按钮▼，屏幕弹出已经上传的音频素材列表，如图7.45所示。单击选择列表中的音频素材，背景音乐添加完成。

图7.45 已经上传的音频素材列表

3. 预览上传的背景音乐

背景的右上角有一个音乐的图标，用于控制背景音乐的播放和暂停，如图7.46所示。

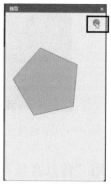

图7.46 背景音乐图标

4. 更换背景音乐图标

在属性面板中，找到"背景音乐"中的声音图标。分别单击"声音图标"后面的+和"静音图标"后面的+，然后更换图标即可，如图7.47所示。

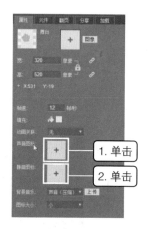

图7.47 更换背景音乐的图标

5. 调整背景音乐图标位置

（1）新建图层，添加物体

在添加背景音乐后，新建一个图层，命名为"音乐图标位置"。在第3页舞台外添加一个物体，本例是绘制一个矩形，如图7.48所示。

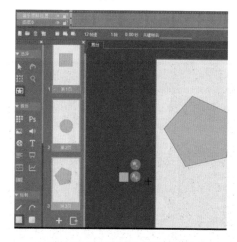

图7.48 新建图层，绘制图形

要点提示：这是设置从第3页开始改变音乐图标的位置。如果需要从第一页开始就改变图标位置，则应在第一页舞台外画一个图形，并对图形进行如下设置。

（2）选中矩形图形，单击【添加/编辑行为】按钮🔼，弹出【编辑行为】对话框，选择【媒体播放控制】→【设置背景音乐】选项，"触发条件"选择"出现"，如图7.49所示。

（3）单击【编辑】按钮，弹出【参数】对话框，在【图标位置】下拉列表框中设置图标位置，如图7.50所示。

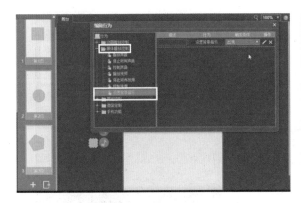

图7.49　设置行为　　　　　　　　　图7.50　设置图标位置

7.3.4　任务解析——音乐播放/暂停控制与按钮设计

（任务要求）　设计制作播放、暂停两个音频控制按钮，为页面设置背景音乐，单击"播放"按钮则播放背景音乐，单击"暂停"则停止播放。

（任务目的）　通过完成音乐"播放/暂停"控制与按钮设计任务，掌握音乐控制与按钮设计的技巧。

（操作步骤）

　1. 在舞台上制作按钮

制作播放、暂停按钮，如图7.51所示。

　2. 添加背景音乐

添加背景音乐，结果如图7.52所示。

　3. 播放按钮行为设置

（1）"暂停"设置

选中矩形，单击【添加/编辑行为】按钮🔼，弹出【编辑行为】对话框。选择【媒体播放控制】→【设置背景音乐】选项，触发条件选择"出现"。单击【编辑】按钮 ✎，进行参数设置，如图7.53所示。将图标位置设置为"右下角"，播放状态设置为"停止"，执行条件设置为"总是执行"。

项，"触发条件"选择"点击"。单击【编辑】按钮 ✎，进行参数设置，如图7.54所示。将"图标位置"设置为"右下角"，"播放状态"设置为"播放"，"执行条件"设置为"总是执行"。

图7.54　播放设置

图7.51　制作按钮

图7.52　添加背景音乐

图7.53　播放暂停设置

（2）"播放"设置

选中矩形，单击【添加/编辑行为】按钮 🅰₊，弹出【编辑行为】对话框。选择【媒体播放控制】→【设置背景音乐】选

（3）设置结果及播放

设置完成后，编辑行为中包括两行设置，如图7.55所示。单击【播放】按钮，播放音乐，在页面右下角会出现系统自带的音乐【播放/暂停】按钮，如图7.56所示。

图7.55　行为编辑后的【编辑行为】对话框

（4）【暂停】按钮行为设置

选中矩形，单击【添加/编辑行为】按钮 🅰₊，弹出【编辑行为】对话框。选择

【媒体播放控制】→【设置背景音乐】选项，"触发条件"选择"点击"。单击【编辑】按钮✏，进行参数设置，如图7.57所示。将"图标位置"设置为"左下角"，"播放状态"设置为"停止"，"执行条件"设置为"总是执行"。

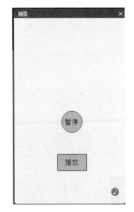

图7.56　音乐播放页面状态

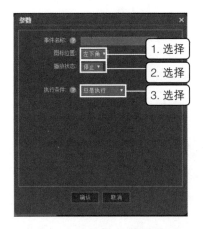

图7.57　暂停按钮设置

（5）播放

单击【暂停】按钮，停止播放音乐，页面左下角会出现系统自带的音乐"播放/暂停"按钮，如图7.58所示。

图7.58　暂停音乐播放页面状态

要点提示 图7.57和图7.58中都出现了系统自带的播放/暂停按钮，其作用与本例所设计制作的播放、暂停按钮相同。如果不希望系统自带的按钮图标出现在页面上，在设置参数时，只需将"图标位置"设置为"隐藏"即可。

4.声音压缩

为了能够正常播放作品，一般声音时长不要超过40秒，同时还需要对声音文件进行压缩处理。声音压缩可借助于Audacity软件，该软件可在网上下载。

压缩声音的操作比较简单，只需把需要进行压缩处理的声音文件拖至空白区域（编辑区）即可，如图7.59所示。具体处理过程如下。

（1）选择文件，如图7.60所示。选择的声音文件时长00:01:56，大小为1.81MB。

（2）将声音文件拖入编辑框，如图7.61所示。

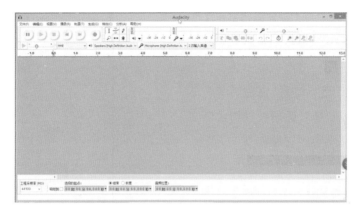

图7.59　Audacity主界面

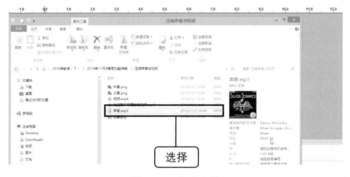

图7.60　声音文件

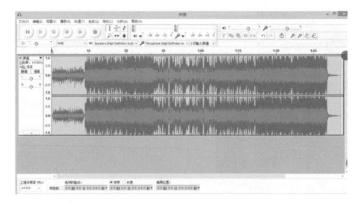

图7.61　将声音文件拖入编辑框

（3）利用选择工具删除部分音乐（音乐太长），如图7.62所示。

（4）拖动选择工具，选中音乐需要删除的部分，按【Delete】键。

要点提示 为了处理方便，可以放大时间线，用放大镜或拖杆可实现放大操作，如图7.63所示。

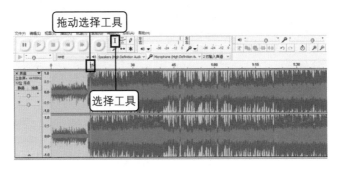

图7.62　选择工具

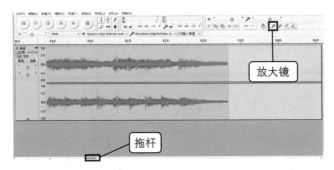

图7.63　放大镜和拖杆

（5）设置效果。如12秒之后，做淡出处理。用选择工具，选中音乐12秒之后的部分，在菜单栏上单击【特效】选项卡，在特效菜单中选择"淡出"命令，如图7.64所示。

（6）声道分离处理。单击【声音】选项卡，选择"分离立体声为单声"命令，可以删除其中一个声道的声音，如图7.65所示。

图7.64　选择特效

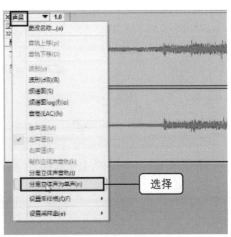

图7.65　声道选择处理

（7）导出并筛选，如图7.66和图7.67所示。

图7.66　导出　　　　　　　　　　　图7.67　筛选

（8）声道模式选择。合并立体声，就是把声音都合并在一个声道中，如图7.68所示。

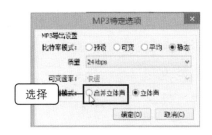

图7.68　声道选择

（9）保存文件。声音信息不需要保留，可全部删除。采样率采用默认值，不需改动。压缩后的声音大小只有39.2KB。

7.3.5　课堂实训——为7.1.3节课堂实训中完成的作品添加背景音乐

剪辑一段音乐，并对音乐进行处理，将处理后的音乐添加到所完成的7.3.4节的H5作品中。

在完成本章上述实训任务的基础上，制作一件自己的作品集H5作品，并发布。

第8章

特殊应用功能

Mugeda提供有很多非常实用的应用模块，这些实用的功能模块使用起来轻松、便捷，而且功能强大，表现力强，为制作者提供了便利。

8.1 虚拟现实

虚拟现实功能，是通过对全景图像进行处理产生虚拟立体效果的一种设计。要实现虚拟现实效果，要求图像必须是全景图像，图像尺寸比例要求横向纵向比为2∶1或6∶1。

8.1.1 任务解析——制作虚拟场景

拍摄一张全景照片，将照片尺寸比例处理成横向纵向比为2∶1，利用虚拟现实技术，将照片制作出3D效果，并在图片中设置"热点"。

任务目的 掌握实现虚拟现实效果的设置方法。

操作步骤

- -

一、制作虚拟场景

1. 新建项目，导入素材

（1）在【我的作品】中新建一个项目。

（2）建立虚拟现实播放区。

工具箱中有"虚拟现实"工具，如图8.1所示。单击【虚拟现实】按钮，进入虚拟现实操作状态。拖动鼠标指针，建立虚拟现实播放区域，如图8.2所示。

钮，如图8.5所示，弹出【导入全景虚拟场景】对话框，如图8.6所示。

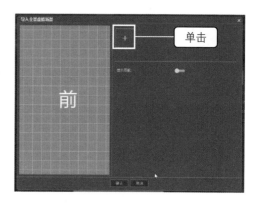

图8.3 【导入全景虚拟场景】对话框

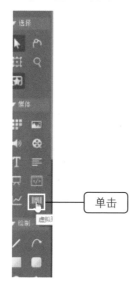

图8.1 【虚拟现实】按钮

图8.4 【媒体库】对话框

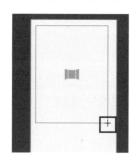

图8.2 建立虚拟现实播放区

2. 进入媒体库

松开鼠标后，屏幕弹出【导入全景虚拟场景】对话框，如图8.3所示。单击 按钮，弹出【媒体库】对话框，如图8.4所示。

3. 导入场景图像

选择合适的图片，单击【添加】按

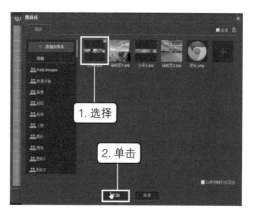

图8.5 添加图片

场景缩略图

场景
标题

热点

图片
预览图片
缩略图

显示导航开关

图8.6　【导入全景虚拟场景】对话框

4.【导入全景虚拟场景】对话框

（1）单击【场景】按钮，在标题栏内输入"基督山"，其中，标题是场景的标题。

（2）单击【图片】，弹出媒体库，可以在媒体库中重新选择图片。

（3）将鼠标指针移至上方场景缩略图位置，出现⊗图标。单击⊗图标，可将场景图片删除。

（4）预览图片是在图片正式加载前显示的图片效果。

（5）缩略图。最好制作小一点，如64像素×64像素。单击【缩略图】按钮，屏幕弹出【媒体库】对话框，可在【媒体库】对话框中选择缩略图。

（6）单击【显示导航】按钮，打开显示导航、允许陀螺仪控制、左右分离视角信息的窗口，如图8.7所示。

（7）单击【确认】按钮，导入图片。

现将导航全部开启，将场景标题命名

为"基督山"，如图8.8所示。播放窗口显示如图8.9所示。

图8.7　显示导航栏

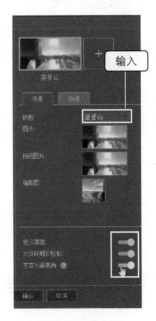

输入

图8.8　设置结果

二、调整虚拟现实播放区域

预览播放效果，可以在【属性】面板中看到虚拟显示播放窗口大小为270像素×351像素，如图8.10所示。虚拟现实窗口小于舞台窗口，舞台窗口大小为320像素×520像素，如图8.11所示。

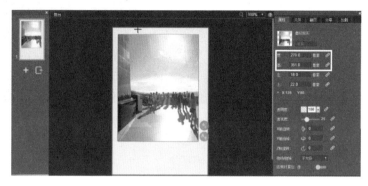

图8.9　播放显示　　　　　　　　　　　　　　图8.10　虚拟播放窗口大小

图8.11　舞台窗口大小

选中虚拟现实图片，使【属性】面板中的素材为"虚拟现实"状态，修改窗口参数，使之与舞台大小相同，即改为320像素×520像素。坐标值，即"左"和"上"都设置为"0"，如图8.12所示。这样虚拟现实区域大小与舞台大小就一致了，图片与舞台也实现了居中对齐，得到全屏虚拟现实效果。

预览效果如图8.13所示。预览图中，导航上最左边的按钮为"更多操作"。单击【更多操作】按钮，会出现图8.14所标示的缩略图。缩略图是已经处理成64像素×64像素规格的图片。

图8.12　播放窗口参数设置

图8.13　预览

图8.14　显示缩略图

三、虚拟现实编辑

选中虚拟现实图片，将鼠标指针移至【属性】面板中 "虚拟现实参数"后面的编辑处，单击【编辑】按钮（如图8.15所示），弹出【导入全景虚拟场景】对话框，开始编辑操作。

1. 添加虚拟场景

在【导入全景虚拟场景】对话框中，单击【添加】按钮，如图8.16所示。选择图片，单击【添加】按钮，如图8.17所示。

图8.15　单击【编辑】按钮

图8.16　单击【添加】按钮

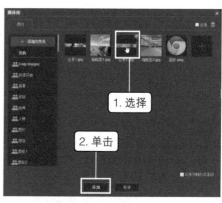

图8.17　添加图片

2. 对新添加场景进行设置

选中新添加场景，单击【场景】选项卡，设置

参数，如图8.18所示。

 单击【确认】按钮之前，在导航中单击
"更多操作"时，被选中的场景会排列在
最前面。在本例中，单击【确认】按钮之
前，在场景缩略图位置，被选定的是排在
后面（即第2个）的场景，而在导航中被排
在了第一的位置。

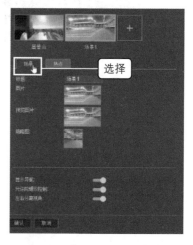

图8.18　对新添加场景进行设置

3. 导航

导航上一般有5个按钮，如图8.19所示。

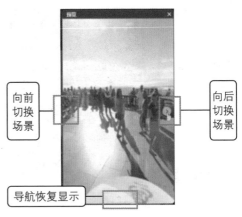

图8.20 导航隐藏

图8.19 导航

其中：

①和⑤为场景切换按钮。

②为【更多操作】按钮。单击【更多操作】按钮，导航上方显示所有场景缩略图。再次单击该按钮，缩略图被隐藏。

③为【虚拟场景】按钮。单击【虚拟场景】按钮，显示虚拟场景。单击【Exit VR】退出虚拟场景。

④为【导航隐藏】按钮。单击【导航隐藏】按钮，导航被隐藏，但出现另外3个按钮，即2个场景切换按钮及1个【导航恢复显示】按钮，如图8.20所示。

四、热点

1. 进入热点添加界面

在【导入全景虚拟场景】对话框中，单击【热点】选项卡，然后单击按钮➕，如图8.21所示，会出现提示"在图片的任何位置单击就添加一个热点"，如图8.22所示。

图8.21 制作热点

2. 添加热点

拖动图片，移动鼠标指针至添加热点的位置，单击完成热点的添加，如图8.23所示。

图8.22 提示

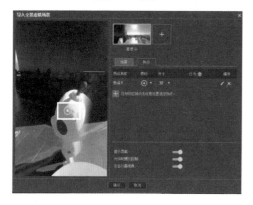

图8.23 添加热点

3. 改变热点图标

单击热点图标,选择图标,单击【确认】按钮,如图8.24所示。

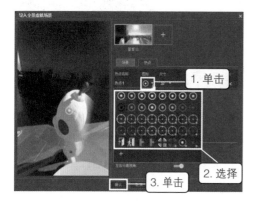

图8.24 改变热点图标

4. 为热点制作行为

为热点添加行为的效果就是在单击热点后会有"行为出现",在本例中,单击图8.24中所示的热点后,显示窗口会显示一个"说明"。

"说明"就是为热点添加的行为,其制作过程如下。

(1)新建一个图层,将鼠标指针移至新建图层第2帧位置,在此位置添加一个关键帧,如图8.25所示。

图8.25 添加关键帧

> **要点提示** 如果在第1帧上为热点添加行为,会导致还没有滑动VR,"说明"就被显示出来,从而无法滑动VR图片的情况。

(2)将时间轴定位在新建图层第2帧位置,在舞台上绘制一个方框,作为"说明"的对话框,然后输入文字。

(3)将鼠标指针移至第2图层第2帧(关键帧)位置,单击选中"方框"和"说明一"两个物体。之后单击鼠标右键，选择【组】→【组合】命令，把方框和说明组合成一个物体，如图8.26和图8.27所示。

图8.26　选中方框图，即文字

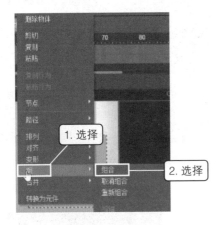

图8.27　组合

为了在第2帧上也能显示VR，可在第1层添加1帧。另外，为了区别图层，可分别为图层命名。图层0命名为"VR"，图层1命名为"说明"。

5. 控制热点行为层（说明层）行为

为了使整个动画停留在第1帧位置上，需要添加一个"暂停"行为。新建一个图层，命名为"暂停"。将鼠标指针定位在时间轴第1帧位置，在舞台外绘制一个图形。选中此图形，单击【添加/编辑行为】按钮，如图8.28所示。为图形添加行为"暂停"，触发事件设置为"出现"，如图8.29所示。

图8.28　新建图层、绘图、激活"行为"

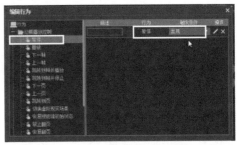

图8.29　行为设置

6. 为热点添加行为

（1）选中VR，在【属性】面板的虚拟现实后面，单击【编辑】按钮，如图8.30所示。

（2）在【导入全景虚拟场景】对话框中，单击【热点】选项卡→【编辑】按钮，如图8.31所示。

图8.30 单击【编辑】按钮

（3）在【编辑行为】对话框中，将行
为设置为"跳转到帧并停止"，"触发条
件"设置为"点击热点"，单击【编辑】按
钮。在【参数】对话框中设置"帧号"
为"2"，表示跳转到第2帧，"作用对象"
选择"舞台"，最后单击【确认】按钮，如
图8.32和图8.33所示。

7. 热点行为（说明）播放后设置

单击热点后播放行为，但播放后如何让

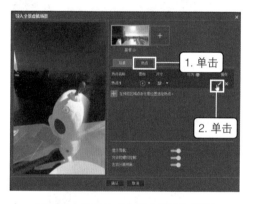

图8.31 单击热点中的【编辑】按钮

热点行为（说明）消失呢？这就需要对热点行为（说明）进行停止并跳转到第1帧的设置。

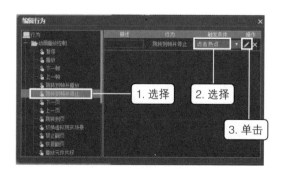

图8.32 热点行为设置

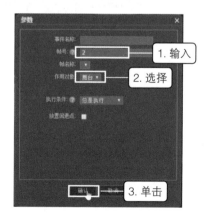

图8.33 跳转设置

（1）将鼠标指针移至图层2第2帧位置（即选中"说明"），单击【添加/编辑行为】按钮，如图8.34所示。

图8.35　热点菜单项

在热点比较多的情况下，为了不混淆，可给每个热点命名。

单击【图标】下拉按钮，会弹出【图标】对话框，制作者可在对话框中选择中意的热点图标。

单击【尺寸】下拉按钮，会弹出【图标尺寸】对话框，制作者可在此选择图标尺寸。

图8.34　选中"说明"

（2）将行为设置为"跳转到帧并停止"，触发事件设置为"单击"，单击【编辑】按钮，在参数中找到"帧号"，输入1，即跳转到第一帧，之后单击【确认】按钮。

> **要点提示**　在属性为虚拟现实时，单击【编辑】按钮→【热点】按钮，然后在VR中任意位置"单击"，则此位置就会被设置成一个热点。

热点中包括热点名称、图标、尺寸、行为、操作等设置项，如图8.35所示。

8.1.2　课堂实训——制作室内虚拟场景

拍一张室内全景照片，照片中至少包括一台收音机，一台电脑，带灯罩的台灯（落地灯）。利用虚拟现实技术制作3D效果。同时做到，当单击台灯的开灯按钮时，台灯亮；当单击台灯的关灯按钮时，台灯灭。单击电脑主机的开关按钮时，出现电脑启动画面；单击电脑的键盘时，电脑关闭。单击收音机的开关按钮时，播放音乐，单击收音机的关闭按钮时，停止播放音乐。

8.2　网页及手机定制功能

网页及手机定制是用户经常使用的非常实用的两个功能。其中网页功能就是将网页嵌入到舞台上，这对于经常浏览固定网站的用户来说非常便利。手机定制与网站功能类似，如果用户与其他人有长期的、频繁的联系，包括打电话、发短信、发送邮件，那么利用手机定制功能，与对方联系将会非常方便。地图定位基本上是每个用户都不可缺少的需求，因为任何人都可能会遇到不熟悉但要去的地方，地图定位就是人们出门在外的得力助手。在Mugeda中，地图地位功能被列在手机功能中。

8.2.1 网页功能

1. 确定网页显示区

在工具箱中找到网页工具，如图8.36所示，单击，以拖曳的方式确定网页显示区域，如图8.37所示。

图8.36　网页工具选择

图8.37　确定网页显示区域

2. 网页播放设置

单击【属性】面板，进行属性设置，如图8.38所示。

图8.38　属性设置

3. 输入网址

在【属性】面板的"网页地址"栏内输入网址，如图8.39所示，网页即被嵌入到舞台上。

图8.39　输入网址

4. 保存、发布

预览该作品，保存后发布。

要点提示 ① 网页定制发布，建议把舞台设置成横向。
② 输入网址后，在电脑上预览时有可能出现"白屏"现象，如图8.40所示。但发布到智能手机上后，可以正常阅览。

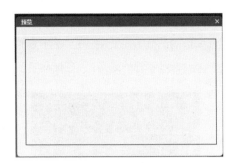

图8.40　白屏现象

8.2.2　课堂实训——利用网页功能发布网页

利用网页功能，将地址为http://www.ptpress.com.cn/的网页发布给你的朋友。

8.2.3　手机功能

手机功能属于定制功能，一般包括打电话、发短信、发送邮件、地图4个功能，其建立过程和使用方法如下。

首先，先在舞台上制作4个按钮，如图8.41所示。

图8.41　制作按钮

任务目的　学会设置按钮所提示的功能。

操作步骤

1. 电话定制

（1）选择【打电话】选项，单击【添加/编辑行为】按钮⊕，弹出【编辑行为】对话框，在编辑行为【手机功能】中选择"打电话"，"触发条件"设置为"点击"，如图8.42所示。

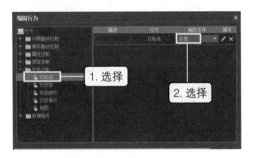

图8.42　【编辑行为】对话框

（2）单击【编辑】按钮✐，在【参数】对话框的电话号码中输入电话号码，执行条件选择"总是执行"，如图8.43所示。

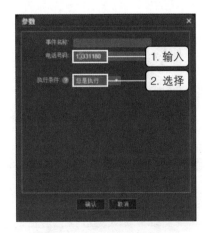

图8.43　打电话参数对话框

（3）保存并发布该作品。

2. 发短信功能

（1）发短信制作过程同打电话制作过程类似，即选中发短信按钮，单击【添加/编辑行为】按钮，弹出【编辑行为】对话框，在编辑行为列表中选择【手机功能】下的"发短信"，"触发条件"设置为"点击"，如图8.44所示。

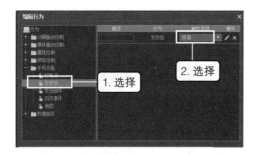

图8.44　【编辑行为】对话框

（2）单击【编辑】按钮，除在参数对话框的电话号码中输入电话号码外，还需在"消息"中输入需要发送的内容，如图8.45所示。

图8.45　输入发送内容对话框

3. 发送邮件功能

发送邮件功能的制作过程和打电话功能、发短信功能的制作过程完全一致，只是在参数对话框中需要填写的内容是邮件地址、邮件标题和邮件内容，如图8.46所示。

图8.46　填写邮件参数对话框

4. 地图功能

地图功能是电话功能中的非常实用的一个功能，提供的是定位信息，是用户在【参数】对话框中，输入所需搜索的地点和场所，以及地图服务商后，将其发布给求助者，为求助者提供位置信息服务的功能，如图8.47所示。

图8.47　输入地图参数对话框

8.2.4 课堂实训——利用手机功能实现朋友间联络

利用手机功能，给你的好朋友打一次电话，发一条短信和一封邮件，并把你的住处位置发送给他。

8.3 微信功能

微信功能也属于定制。利用微信功能制作页面，存盘并通过二维码发布后，接收者可以通过"微信功能"页上的"定制图片"功能添加图片，利用"录音"功能录音。微信功能按钮在工具箱下方，包括微信头像、微信昵称、定制图片和录音4个功能按钮，如图8.48所示。

图8.49 微信头像区域

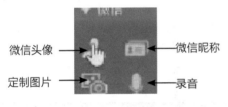

图8.48 微信功能工具

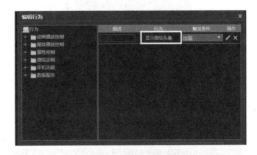

图8.50 微信头像行为

8.3.1 微信头像处理

1.行为设置

单击【微信头像】按钮 ，舞台上出现一个圆形的头像区域，用于获取微信头像，如图8.49所示。单击图8.49所示的【添加/编辑行为】按钮 ，弹出【编辑行为】对话框。行为被自动设置成"显示微信头像"，触发条件被自动设置成"出现"，如图8.50所示。

单击【编辑】按钮 ，弹出【参数】对话框，"转发时保持"自动设置成"是"，"执行条件"自动设置成"总是执行"，如图8.51所示。这两个参数不需要修改。

2.头像尺寸调整

选中头像，调整头像位置，单击变形按钮 ，调整微信头像的大小。

图8.51 参数设置

3. 头像编辑

单击【属性】面板中背景图片右侧的 ➕，如图8.52所示，弹出【素材库】对话框，选中头像图片，单击【添加】按钮，如图8.53所示。

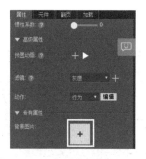

图8.52 单击 ➕

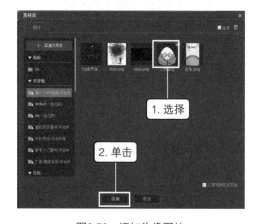

图8.53 添加头像图片

8.3.2 微信昵称处理

单击微信名称按钮 ，舞台上出现一个文字框，如图8.54所示。单击【添加/编辑行为】按钮 ，弹出【编辑行为】对话框。行为被自动设置成"显示微信昵称"，触发条件被自动设置成"出现"，如图8.55所示。用户不需要调整这两个选项。

图8.54 微信昵称文字框

图8.55 微信名称行为

用户只需选中"微信昵称"文字框，输入昵称，调整昵称位置，在【属性】面板中对文字字体、字号等进行编辑即可，处理后结果如图8.56所示。

图8.56　昵称处理

8.3.3　定制图片处理

单击【定制图片】按钮，舞台上出现圆形的定制图片区域，用于获取图片。定制图片行为自动生成，不需要调整。

选中定制图片区域，如图8.57所示。单击【变形】按钮，调整定制图片区域大小，单击【节点】按钮，调整定制图片区域形状，如图8.58所示。

图8.57　图片获取区域

图8.58　调整获取区域形状

8.3.4　录音处理

单击【录音】按钮，舞台上出现【录音/停止录音】按钮和【播放录音/停止播放录音】按钮，如图8.59所示。录音行为自动生成，不需要调整。

选中按钮或，用鼠标拖曳的方式调整按钮和的位置；选中按钮和，单击【变形】按钮，调整按钮和的大小，如图8.60所示。另外，在【属性】面板中还可以对【录音按钮】和【播放录音按钮】进行其他设置。

图8.59　录音按钮

单击【保存】按钮，并为作品命名（本例被命名为"风景图片"），如图8.61所示。

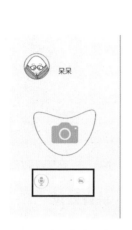

图8.60　录音按钮编辑　　　　　　　　　　图8.61　保存

单击【发布】按钮，用二维码扫描，即可使用，如图8.62所示。

图8.62　发布

① 转发后，昵称会发生变化，例如，微信昵称为"老头"的用户将所制作的"风景图片"发布给自己后，"风景图片"页面中的昵称，在手机上会由"呆呆"变成"老头"，"老头"用户如果将"风景图片"直接转发给"过年"，则昵称又会变成"过年"。
② 用户点开"风景图片"后，用手指点击"图片区域"，手机屏幕会跳转到"图片"界面，选中图片，发送，确认后，图片被上传到图片区内。
③【录音/停止录音】和【播放录音/停止播放录音】这两个按钮都是切换按钮。手指第一次点击是录音或播放录音，手指第2次点击是停止录音或停止播放录音。

8.4　调用第三方文字和图片

调入第三方文字是指将Word、WPS、写字板等编辑器中的文字或图片导入到舞台上。用这种方法导入文字或图片能够提高效率，操作也非常简单。

新建一个页面，如图8.63所示。

图8.63　新建一个页面

8.4.1　导入文字

将某个Word中的文字和图片导入到舞台页面上的操作过程如下。

1. 切换系统

单击Mugeda屏幕右上角的最小化按钮，打开Word文档，如图8.64所示。

2. 选中文字

选中需要导入到舞台上的文字，然后按组合键【Ctrl】+【C】复制文字，如图8.65所示。

图8.64　打开Word文档

图8.65　选中文字，复制

3. 切换系统

切换到舞台界面，如图8.66所示。

图8.66　切换，回到舞台

4. 导入文字

将鼠标指针移至舞台上，然后按组合键【Ctrl】+【V】，将文字导入到舞台页面上，如图8.67所示。

 要点提示 系统要求只能用组合键【Ctrl】+【V】导入。

5. 调整文字位置

选择文字，如图8.68所示，调整文字位置，结果如图8.69所示。

图8.67　导入文字　　　　图8.68　选择文字　　　　图8.69　调整文字位置

6. 文字编辑

选择文字，然后单击【变形工具】按钮，即可对文字进行字体、字号、颜色等的编辑，如图8.70所示。

图8.70　编辑文字属性

8.4.2　导入图片

1. 切换系统

单击Mugeda屏幕右上角的最小化按钮，打开Word文档，或直接停留在桌面上。

2. 截图

利用QQ截图工具在桌面上截取的图片如图8.71所示。

3. 导入图片

将鼠标指针移至舞台上，按组合键【Ctrl】+【V】，将图片导入到舞台上，如图8.72所示。

图8.71　截取的图片

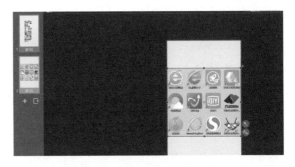

图8.72　图片被导入到舞台上

4. 编辑图片

选中图片，在【属性】面板中对图片进行编辑。

8.4.3　课堂实训——制作一个游记H5页面

完成一篇包括200字和两张图片的游记。利用第三方文字和图片的功能，制作一个H5长页面，将包括文字和图片的文章重新排版，并发布出去。

实用工具及其应用

Mugeda提供了许多实用的工具，如曲线图表、表单、幻灯片、擦玻璃、点赞与投票、绘图板、陀螺仪、随机数、计时器等，使用这些工具的操作非常简单，易学易掌握。本章将介绍这些工具的使用方法。

9.1 曲线图表

曲线图表工具是快速制作图表的工具，Mugeda平台中提供了多种图表格式，在制作和生成图表时非常便利。

9.1.1 任务解析——制作学生成绩曲线图表

利用Mugeda默认的曲线图表，创建一个班级中总成绩前5名的学生的数学、语文、英语成绩的曲线图表。

任务目的 掌握曲线图表的制作方法。

一、曲线图表工具介绍

1. 建立图表

在工具箱中，单击【图表】按钮，将鼠标指针移动到舞台上，使用拖曳的方式调整图表的大小，释放鼠标左键后，一个系统默认的图表即出现在舞台上，如图9.1所示。

2. 数据修改

（1）选中图表，观察图表的【属性】面板，在该面板中可以对图表的属性进行设置。这里在【曲线数据】框中选中所有曲线数据，如图9.2所示。

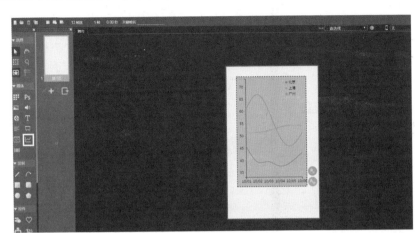

图9.1　建立图表

（2）单击鼠标右键，选择【复制】命令，如图9.3所示。

图9.2　选中数据

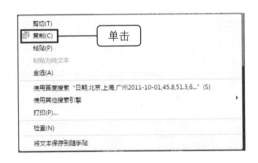

图9.3　复制

（3）单击Mugeda界面右上角的最小化按钮，切换计算机操作界面，打开记事本，如图9.4所示。

（4）将鼠标指针移至记事本中并定位光标，按组合键【Ctrl】+【V】，图标中的原有曲线数据即被复制到记事本中，如图9.5所示。

（5）第1行是说明数据，说明数据与列对应，如"日期"对应第1列数据，"北京"对应第2列数据，以此类推。从第2行开始为图表数据项。列为横坐标上的数据项，行为纵坐标上的数据项。

图9.4 界面切换

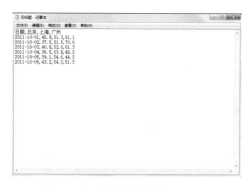

图9.5 将原有数据粘贴到记事本中

在实际应用中，可以按照需要修改图表的数据信息。操作方法：修改记事本中的数据，按组合键【Ctrl】+【A】全选数据，然后按组合键【Ctrl】+【C】复制数据，切换到【我的作品】操作界面，在图表【属性】面板的【曲线数据】框中选中所有原始数据，按组合键【Ctrl】+

【V】，数据即被替换为修改后的数据。

3. 设置图表类型

在图表【属性】面板中，通过【图表类型】选项可以设置图表的显示形式，如图9.6所示。

图9.6 设置图表显示形式

4. 编辑图表

选中图表，在【属性】面板中可以对图表进行各种属性的设置，如标题、背景色、透明度、位置、线条、动画等，在此不一一介绍。

5. 查看图表中的具体数值

将鼠标指针停留在图表中，长按鼠标左键，会显示鼠标指针停留位置的具体数值，并出现【切换图表状态】按钮，如图9.7所示。单击【切换图表状态】按钮，图表状态切换为数值状态，如图9.8所示。

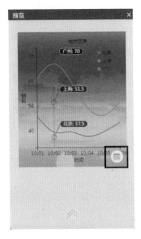

图9.7 【切换图表状态】按钮

图9.8 数值状态

二、学生成绩曲线图表制作思路

（1）进行图表设计构思，明确要设计的图表类型。

（2）准备图表数据，包括学生姓名、语文成绩、数学成绩、英语成绩等。

（3）新建项目。

（4）创建图表。

（5）修改图表中的曲线数据。

（6）编辑图表属性，包括图表名称、图表类型、颜色主题、显示动画等。

（7）保存、发布作品。

9.1.2 课堂实训—— 设计制作自己上一周每天的消费支出明细表

设计制作要求如下。

（1）表中内容包括日期、品类、用途、金额、开支分类、属性。

（2）规划好数据项中的数据分类，如"属性"数据项分类，可分为自用、代购等。

（3）作品中要有加载页，表中信息要完整。

9.2 表单及统计

表单是一种常用的工具，特别是在制作调查表，制作单项选择和多项选择练习题时作用更为明显。在工具箱中，【表单】选项组中包括输入框、单选框、多选框、列表框和表单5个选项，如图9.9所示。

9.2.1　任务解析——城市人口爱好调查表

设计制作一个调查城市，如北京、天津、上海、
广州、重庆的人们爱好的调查表，并进行线上发布。

图9.9　【表单】选项组

任务目的　掌握表单的设计制作方法。

一、表单设计与制作

1. 表单内容及设计要求

调查表表单的项目包括姓名、性别、爱好、城市4项。其中，姓名为输入项，性别为
单选项，爱好为多选项，城市为列表项。除此之外，表单中要设计1个提交按钮。

2. 表单项目制作

（1）新建项目。

（2）制作姓名项。

① 在舞台上输入"姓名"，调整字号、字体和文字位置，单击工具箱【表单】选项
组中的【输入框】按钮，将鼠标指针移至舞台，在"姓名"后单击，然后在工具箱中
单击按钮，如图9.10所示。

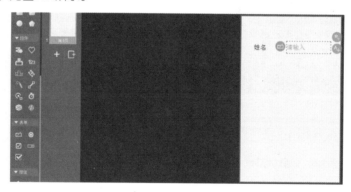

图9.10　建立表单"姓名"项

要点提示　如果不单击按钮，其后果是每单击一次左键，就会添加一个输入框。

② 选中表单的"姓名"，调整"姓名"框的位置，将鼠标指针移至【属性】面板
中，设置"姓名"的字体、字号和颜色等，如图9.11所示。

要点提示　姓名是表单中必须填写的项目，所以，【属性】面板中"必填项"列表值要选择
"是"。

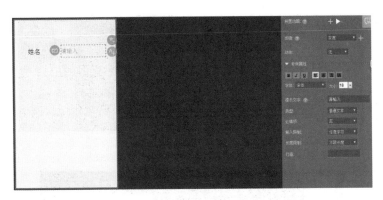

图9.11　调整输入内容（姓名）的文字属性

（3）制作其他选项。按照"姓名"项的制作方法依次完成性别、爱好、城市3项表单项的制作。其中，"性别"设置为"单选"类型；"爱好"设置为"多选"类型；"城市"设置为"列表"类型，制作结果如图9.12所示。

要点提示　"列表"类型选项内容后的括号"（　）"中必须填写内容，"（　）"中的内容是表单提交的值，如图9.13所示。

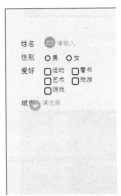

图9.12　页面效果　　　　　　　　　　图9.13　列表选项

3. 分别为各选项命名

（1）选中表单选项，如选中"姓名"选项，然后在【属性】面板下"文本输入"中为提交的内容命名。这里为"姓名"选项命名为"姓名"，如图9.14所示。

（2）依次为性别、爱好、城市3个选项命名。

4. 制作提交失败和提交成功页

添加两个新页面，此时舞台上共有3个页面，将第2页制作成提交成功提示页，将第3页制作成提交失败提示页，如图9.15所示。

图9.14 为"姓名"项命名

图9.15 提交成功及提交失败的提示页

5. 设计制作【提交】按钮

（1）制作一个【提交】按钮，效果如图9.16所示。

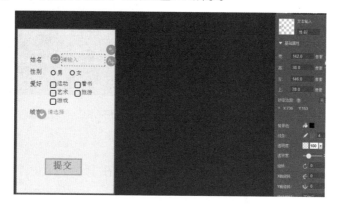

图9.16 制作【提交】按钮

（2）行为设置。选中【提交】按钮，单击【添加/编辑行为】按钮，在【编辑行为】对话框中设置行为"触发条件"为"点击"，如图9.17所示。

（3）参数设置。单击【操作】列中的按钮，弹出【参数】对话框，如图9.18

所示。

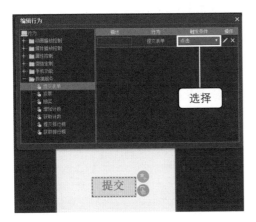

图9.17 【提交】按钮行为设置

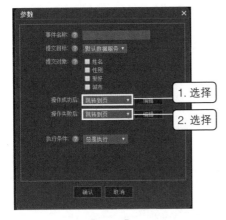

图 9.18 【参数】对话框

（4）在【参数】对话框中进行提交目标、提交对象，以及提交成功与提交失败后跳转的设置。将操作成功后和操作失败后均设置为"跳转到页"，如图9.19和图9.20所示。

图9.19 提交目标选项

（5）最终的提交目标、提交对象、操作成功后、操作失败后的参数设置如

图9.21所示。

图9.20 提交后跳转选项

图9.21 提交参数设置

（6）设置提交成功、提交失败跳转参数。

① 单击"操作成功后"的【编辑】按钮，如图9.22所示。

图9.22 设置跳转选择

② 弹出如图9.23所示的对话框，在

"页号"项输入"2"。

图9.23 操作成功后跳转页设置

③ 单击"操作失败后"的【编辑】按钮，弹出如图9.24所示的对话框，在页号项输入"3"。

图9.24 操作失败后跳转页设置

6. 预览作品

该作品的预览效果如图9.25所示。

7. 保存、发布作品

保存该作品，并进行发布。

图9.25 预览

二、统计与导出数据

表单的重要功能是用于调查，因此，统计与导出数据对表单来说非常重要。

1. 统计

在【我的作品】主界面中，找到作品，如图9.26所示。在每个作品下都有一个数字，该数字表示浏览次数，同时也是统计按钮，单击 ▦ 按钮进入统计界面，该界面显示浏览数和客户数，如图9.27所示。

2. 统计数据操作

单击【统计数据】按钮，屏幕会显示浏览数、客户数，以及时、天、周、月的浏览量、传播来源、传播层级和事件统计等信息。

3. 用户数据操作

在表单统计界面，单击【用户数据】选项卡，之后单击选择数据类型选项列表中的 ▼ 按钮，选择"表单"选项，显示表单明细数据，如图9.28所示。

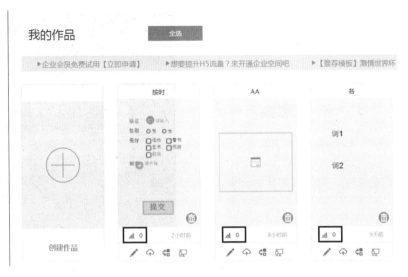

图9.26　数据统计按钮

图9.27　数据统计界面

图9.28　表单明细数据

4. 导出数据

单击图9.28中右边的 ⊕ 按钮，将数据直接导入到Excel表中。此时，将弹出如图9.29所示的对话框。该对话框中的.ZIP文件就是Excel文件。

图9.29　Excel数据文件生成

打开数据文件，用户数据显示出来，如图9.30所示。

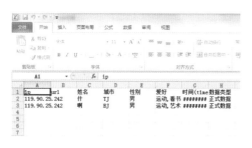

图9.30　Excel用户数据

三、默认表单及其应用

Mugeda还为用户提供了一种非常简便的设计制作表单的方法。

1. 建立表单

单击工具箱表单中的【表单】按钮，如图9.31所示，舞台上弹出【编辑表单】对话框，如图9.32所示。

图9.31　【表单】按钮

图9.32　【编辑表单】对话框

2. 编辑表单数据

在本例中，表单名称填写"我的表单"，提交方式选择"GET"，提交目标选择"提交数据到后台"，确认消息输入"提交表单成功"，背景颜色选择"蓝色"，字体选择"12"号，如图9.33所示。单击表单项，弹出【添加表单项】对话框，如图9.34所示。在本例中，表单项添加了两项，如图9.35所示。

图9.33　填选表单数据

图9.34　【添加表单项】对话框

图9.35　表单项数据

其中，姓名选择的是"输入框"类型，手机号选择的是"手机号"类型。在取值部分，姓名项中取值为"王二"，手机号项中没有填写任何内容。从预览中可以看到，姓名中显示"王二"，而手机号中未显示任何信息。在表单中，此时"王二"是作为提示信息出现的，如图9.36

所示。

图9.36　预览

3. 使用

发布后，接收用户可以更改姓名、电话号码，然后再转发出去。

9.2.2　课堂实训——制作本年度受欢迎的旅游景区调查表

（1）利用默认表单完成城市人们的爱好调查表单的制作并发布。

（2）选择你所在的省（城市或地区）的5个旅游景点（景区），按性别、年龄段（10岁以下、11～25岁、26～50岁、50岁以上）的划分方式，设计制作一个调查受欢迎的景区的调查表，发布并统计结果，导出数据。要求所设计制作的是一个完整的H5作品。

9.3 幻灯片

幻灯片工具的功能是在指定区域内通过滑动的方式切换显示多张图片。

1. 建立播放窗口

新建一个页面，单击【幻灯片】按钮，用鼠标拖曳的方式拖曳出幻灯片播放窗口，如图9.37所示。

图9.37 建立幻灯播放窗口

2. 添加幻灯片图片

选中幻灯片，单击【属性】面板中图片列表窗口的 按钮，如图9.38所示。

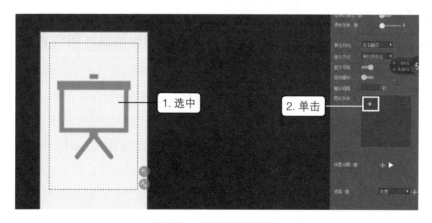

图9.38 图片列表选项框

在素材库中选择图片，如图9.39所示，然后单击【添加】按钮。

3. 属性设置

根据需要对幻灯片的属性进行设置。

4. 保存、发布

保存该作品，然后进行发布。

> 练一练 | 自选一个主题，拍摄一组照片（5~10张），利用幻灯片功能，制作一个作品并发布。

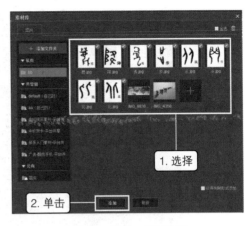

图9.39 选中、添加图片

9.4 擦玻璃

"擦玻璃"是指通过鼠标滑动，将覆盖层擦除，显示出底层图片，这就像将玻璃上覆盖的尘物擦除一样，所以被称为擦玻璃。图9.40显示的是覆盖层效果，图9.41显示的是已擦除了部分覆盖层的效果。

图9.40 覆盖层

1. 建立播放窗口

新建一个页面，单击【擦玻璃】按钮

，用鼠标拖曳的方式拖曳出擦玻璃的空间，如图9.41所示。

图9.41 擦除

2. 属性设置

选中擦玻璃窗口，在擦玻璃属性面板中进行属性编辑，包括背景图片框（底层、玻璃层）、前景图片框，分别单击背景框、前景框中的"+"，选择用来做背景和前景的图片，最终效果如图9.42所示。

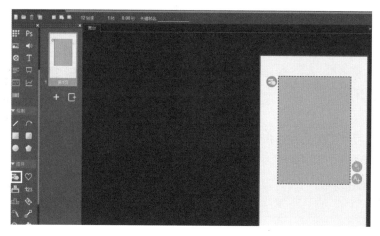

图9.42　建立擦玻璃空间

3. 保存、发布

保存该作品，然后进行发布。

练一练｜利用擦玻璃功能，设计制作一个美肤广告，要求配有音乐。

9.5　点赞与投票

点赞和投票都是常用的功能，在Mugeda中，利用点赞功能不仅可以方便地制作点赞页面，还可以制作投票页面。

9.5.1　任务解析——活动招贴

为近期举办的一项活动设计制作两款招贴，利用点赞功能，设计一款投票H5页面，供投票使用。统计投票数据，确定中选的招贴。

任务目的　掌握点赞设计制作的方法和过程。

操作步骤

1. 制作点赞对象

新建项目，为活动设计制作两款招贴，上传到舞台上。本例用两个点赞对象（人物）代替，结果如图9.43所示。

2. 建立点赞

单击工具箱中的【点赞】按钮 ，如图9.44所示。用鼠标拖曳的方式调整点赞图标的大小。点赞图标默认的图案是红心，红心上方为点赞的数量，每个用户只允许点赞一次。作品发布后，点赞系统默认累加点赞数。

3. 复制【点赞】按钮

选中【点赞】按钮，单击鼠标右键，选择【复制】命令；再次单击鼠标右键，选择【粘贴】命令，点赞被复制。调整两个【点赞】按钮的位置，如图9.45所示。

图9.43　制作两个点赞对象

图9.44　建立点赞

图9.45　复制【点赞】按钮及调整【点赞】按钮的位置

4. 预览

预览效果如图9.46所示。从图中可以看到，两个点赞对象下方的桃心都是空心的，这是因为还没有点赞。点赞后，点赞对象下方的桃心会变成实心的。现为左边的点赞对象点赞，结果如图9.47所示。如果再次单击左侧的【点赞】按钮，【点赞】按钮又会恢复成空心。

5. 编辑点赞

选中舞台页面上的【点赞】按钮，在【属性】面板中，可以给点赞命名，设置点赞尺寸、透明度、点赞前后的图案、点赞统计数位置、文字颜色和字号等。

如果将点赞符号设置成"√"，则会将点赞变成投票。

图9.46　点赞之前　　　　　　　　　图9.47　点赞之后

9.5.2　课堂实训——设计一个对联点赞页

现有一上联"凡心一点几时去"，有多个下联，分别是"春风三日人自归""仙境无人山自空""歹心不存万事善""天合二人今世缘"。制作一个点赞页，统计各下联的点赞数量，找出最受欢迎的下联。

9.6　绘图板

绘画板是一个为用户提供在移动终端上绘画、写字等服务的很实用的功能。

9.6.1　默认绘画板

1. 建立默认绘画板

单击工具箱中的【绘画板】按钮 ✎，用鼠标拖曳的方式建立绘画板空间，如图9.48所示。

2. 预览

如图9.49所示，默认绘画板提供保存绘画（绿色按钮）和消除绘画（红色按钮）两个控制按钮。

3. 编辑

选中绘画板，在绘画板的【属性】面板中，可以对绘画板的属性进行编辑设置。其中，"显示编辑器"列表中包括5个选项，如图9.50所示。如果选择"显示全部"，那么作品发布后，在用户浏览时，绘画板下方会出现消除绘画（右边红色按钮）、显示画笔颜色（中间红色按钮）和显示画笔粗细（左边棕黄色按钮）共3个控制按钮，如图9.51所示。

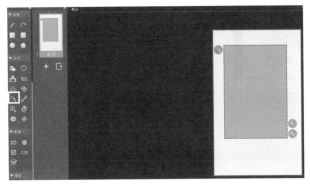

图9.48　设置绘图空间

图9.49　默认绘画板预览页面

图9.50　显示编辑器选项呢

图9.51　预览页面

9.6.2　自制绘画板

1. 建立默认绘画板

单击工具箱中的【绘画板】按钮，用鼠标拖曳的方式建立绘画板空间。

2. 属性设置

选中绘画板，将绘画板【属性】面板中的"显示编辑器"设置成"不显示"，并将绘画板命名为"绘画板1"。

3. 制作控制按钮

制作"保存绘画"和"清楚绘画"两个控制按钮。左侧小绿人按钮用作"保存"绘画，右侧飞鸟用作"清除"绘画，如图9.52所示。

图9.52　制作绘图板显示页

4. 保存绘画行为设置

单击【保存绘画】按钮，然后单击【添加/编辑行为】按钮 🔘，选择【绘画板控制】选项，如图9.53所示。在【参数】对话框的【控制行为】中，选择"保存绘画板"，如图9.54所示。

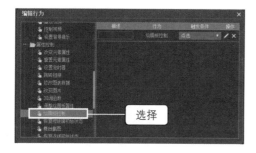

图9.53　"保存绘画"行为设置

图9.54　"保存绘画"行为参数设置

5. 保存位置制作

在一个空白页上，绘制一个矩形，并命名为"矩形"，如图9.55所示。

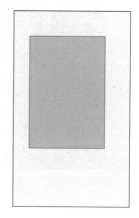

图9.55　绘制矩形

6. 为保存绘画添加一个行为

单击【添加/编辑行为】按钮 🔘，选择【改变图片】选项，如图9.56所示。单击编辑按钮 ✎，弹出【参数】对话框。选择【目标元素】参数为"矩形"，"源元素名称"选择"绘画板1"，如图9.57所示。

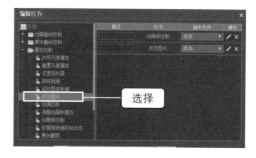

图9.56　行为设置

7. 清除绘画设置

清除绘画的方法和保存绘画的方法

类似，只是在设置参数时，将"控制行为"设置为"清空绘画板"，如图9.58所示。

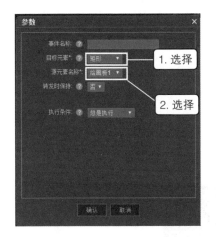

图9.57　参数设置

图9.58　清除绘画行为参数设置

9.6.3　课堂实训——制作一个H5节日贺卡

设计制作一个H5节日贺卡，其中要求有能够让发卡人亲手绘图、书写贺词以及签名的功能。

9.7　陀螺仪

陀螺仪功能是用于制作智能终端使用者与H5页面所展示的内容进行交互的。利用陀螺仪工具可以制作出在智能终端用户转动终端的同时，H5页面上的某个"对象"或"物体"随终端运动的效果。

9.7.1　任务解析——制作放飞孔明灯的动画

设计制作一个以小朋友放孔明灯的场景图片为背景，当终端用户左右转动终端时，孔明灯也会随之左右移动的动画。

任务目的　掌握利用陀螺仪功能设计制作H5页面的方法和过程。

操作步骤

一、基础操作

素材准备（背景图片、孔明灯图片），新建项目，设置背景，导入孔明灯，调整孔明灯的大小和位置。这里用一个矩形来代替孔明灯，并省略了背景设置。仅介绍陀螺仪效果的制作部分。

二、添加、设置陀螺仪

1. 添加陀螺仪

单击工具箱上的【陀螺仪】按钮，舞台上会出现一串数字，这就是陀螺仪工具，如图9.59所示。

图9.59　为物体添加陀螺仪

2. 为陀螺仪和矩形（孔明灯）命名

将陀螺仪命名为"t1"，矩形命名为jx。

3. 选择旋转类型

选中舞台上的"陀螺仪"，在【属性】面板中找到【类型】，如图9.60所示。

类型选择列表中包括3个选项，如图9.61所示。

本例选择绕y轴旋转角。

4. 为陀螺仪添加行为

选中陀螺仪，单击【添加/编辑行为】按钮，在【编辑行为】对话框中选择【改变元素属性】选项，触发事件选择"属性改变"，如图9.62所示。

图9.60　类型选项

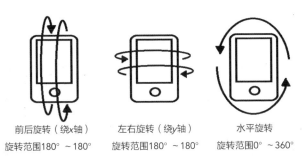

前后旋转（绕x轴）　　左右旋转（绕y轴）　　水平旋转
旋转范围180°～180°　旋转范围180°～180°　旋转范围0°～360°

图9.61　旋转方向

单击【编辑】按钮 ✎，在【参数】对话框中设置各种参数。其中，"元素名称"选择"jx"，表示转动的是jx；"元素属性"选择"左"，表明是左右转动；"赋值方式"选择"在现有值基础上增加"，表明是以现有值为基础；"取值"输入"{{t1}}"，表示以陀螺仪值为控制标准，如图9.63所示。

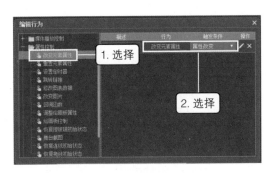

图9.62　设置陀螺仪属性行为

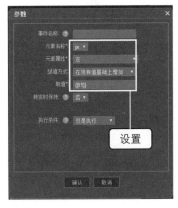

图9.63　陀螺仪参数设置

5. 设置左坐标最小值范围

选中陀螺仪，单击【添加/编辑行为】按钮 Ⓐ＋，在【编辑行为】对话框中选择【改变元素属性】选项，触发事件选择"属性改变"。单击【编辑】按钮 ✎ 在【参数】对话框中设置各种参数。其中，"元素名称"选择"jx"；"元素属性"选择"左"；"赋值方式"选择"用设置的值替换现有值"，"取值"输入"0"，表明在jx位置小于0坐标时，使jx定位在0坐标位置，因此要设置执行条件。执行条件设置为jx、左、小于和0，它们分别表示元素名称、元素属性、逻辑条件和控制条件数值，如图9.64所示。

6. 设置左坐标最大值范围

设置左坐标最大值范围的方法、过程与设置左坐标最小值范围的方法、过程是一样的。只是控制值不同。由于此例中jx最右端在舞台上的值是253，所以控制值输入253，如图9.65所示。

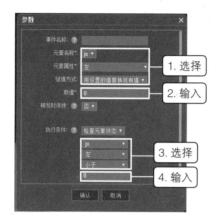

图9.64　左坐标最小值范围参数设置

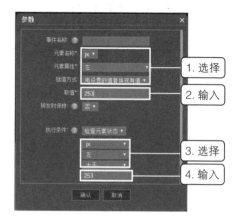

图9.65　左坐标最大值范围参数设置

对于绕x轴旋转角旋转和绕z轴旋转角旋转制作陀螺仪效果，均可按上述方法操作。对于同一个对象（物体），可以通过添加并设置陀螺仪的方式进行几个方向的陀螺仪的旋转设置。

9.7.2　课堂实训——设计并制作一个不倒翁小游戏

利用陀螺仪工具制作一个不倒翁小游戏，当用户摇动手机时，不倒翁便开始左右摇动。

9.8　随机数

随机数功能就是预设一个随机数的数值范围，并设置一个时间段，每隔所设置的这段时间就随机产生一个数值。例如，数值范围设置为1到10，每隔1秒钟就产生一个数，则每一秒钟会产生一个数，产生的数都在1到10之间。

通常会利用随机数控制物体的属性，使物体每隔一个时间段就产生一次变化。

9.8.1　任务解析——动态产品广告的设计与制作

利用随机数功能，控制舞台上的一张图片，使图片每隔固定时间就变换一次大小。具体设计制作要求：制作由2个页面构成的企业产品广告，如图9.66和图9.67所示。

图9.66 广告第1页

图9.67 广告第2页

第1页企业标志，利用随机数技术实现每隔0.5秒就变换一次大小，"单击"企业名称后，页面跳转显示第2页的内容。

任务目的 掌握利用随机数设计制作作品的方法和过程。

操作步骤

1. 素材准备与页面制作

素材包括企业标志图片、企业名称图片（利用文字工具输入也可）、产品图片和产品名称图片（利用文字工具输入也可）。制作广告页面，效果如图9.66和图9.67所示。

2. 添加一个随机数

在工具箱中单击【随机数】按钮📦，舞台上出现一个数字，用鼠标拖动随机数到舞台外面，如图9.68所示。

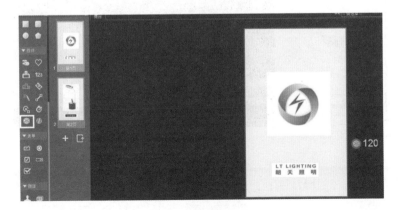

图9.68 添加随机数

3. 设置图片大小

选中标志图片，在【属性】面板中将图片大小设置为200像素×196.5像素，如图9.69所示。

4. 设置随机数参数

选中随机数，设置随机数间隔为0.5秒，设置随机数最小值为10，最大值为200，即控制图片大小在10到200之间。将随机数命名为"随机数2"，如图9.70所示。

图9.69　设置图片大小　　　　　　　　　图9.70　随机数参数设置

5. 关联设置

关联设置是图片关联随机数，利用随机数控制图片的大小变化。选中图片，分别对图片的宽和高进行关联设置。单击宽的关联按钮，对宽进行关联设置，如图9.71所示。用同样的方法对高进行关联设置。

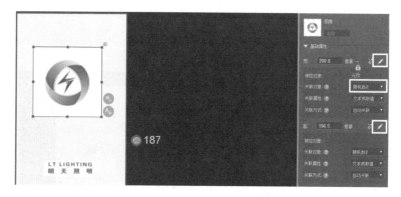

图9.71　关联设置

6. 为企业名称添加行为

选中"企业名称"图片，单击【添加/编辑行为】按钮，在【编辑行为】对话框中，选择动画播放控制中的【下一页】选项，触发条件选择"单击"，如图9.72所示。

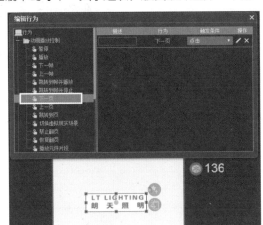

图9.72　行为编辑

9.8.2　课堂实训——设计制作打地鼠小游戏

在页面上，划分6个区域，并分别编号为1～6号，随机数与区域号相对应；随机数控制在1到6之间，每隔一秒钟产生一个随机数；当对应区域的随机数出现，则在这个位置出现一个地鼠图案，地鼠显示时间为一秒；在地鼠显示期间，如果用户点击地鼠，地鼠便消失，并在成功项中计入一分，否则在失败项中计入一分，直至失败项中分数达到5分，游戏结束。

9.9　计时器

顾名思义，计时器就是控制时间的设备。计时器应用非常灵活和广泛，例如控制动画播放时间，控制页之间的转换，控制帧操作等。

9.9.1　任务解析——制作H5新闻页面

本任务是利用计时器功能，为某新闻制作两个页面，如图9.73和图9.74所示。制作要求如下：第1页图片从页面底部上升到页面顶部，上升用时为5秒。当图片上升到顶部后，页面自动跳转到第2页，显示第2页内容。第1页设置3个按钮，单击【暂停】按钮，图片终止上升；单击【继续】按钮，图片继续上升；单击【重复】按钮，图片从页面底部重新开始上升。

新浪视点：
连胜止不住！范大将军变身农心杯之鹰
又赢了！范廷钰在农心杯上的连胜止不住，11 月
26 日他再擒日本队副帅一力辽，达成本届农心杯七连
胜，复制了两年前的奇迹。至此，范廷钰在农心杯上
总胜局达到 17 局，愈发逼近李昌镐的 19 局大纪录。

图9.73　页面1　　　　　　　　　　　　　　　　图9.74　页面2

任务目的　掌握计时器的使用和操作方法。

操作步骤

一、准备素材，制作页面

页面制作结果如图9.73和图9.74所示。

二、添加计时器

单击工具箱中的【计时器】按钮⏱，舞台上出现计时器，如图9.75所示。选中计时器，在【属性】面板中将计时器命名为"计时器1"。

图9.75　添加定时器

三、计时器设置

1.暂停计时器设置

单击【暂停】按钮，然后单击【添加/编辑行为】按钮⏱，在【编辑行为】属性控制中，选择"设置计时器"选项，"触发条件"设置为"点击"，如图9.76所示。

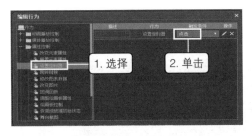

图9.76　设置计时器行为

单击【编辑】按钮✏，弹出【参数】对话框，如图9.77所示。输入计时器名称为"定时器1"。设置状态包括暂停计时器、继续计时器、重置计时器3种，这里选择"暂停计时器"。

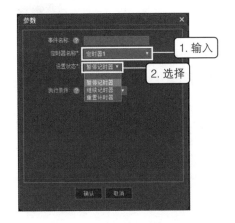

图9.77　计时器参数设置

2.继续计时器设置

继续计时器的设置方法和暂停计时器的设置方法相同，只是将"设置状态"设置为"继续计时器"。

3.重复计时器设置

重复计时器的设置方法和继续计时器的设置方法相同，只是将"设置状态"设置为"重置计时器"。

四、计时器参数设置

计时器参数设置包括精度、计时方向、是否循环、不可见时、长度等。选中计时器，在【属性】面板中可以进行参数设置。将本例中的"精度"设置为"微妙"，"计时方向"设置为"倒计时"，"是否循环"设置为"不循环计时"，"不可见时"设置为"暂停计时器"，"长度"设置为"5"秒，如图9.78所示。

图9.78　计时器参数设置

五、关联设置

选中舞台上的"图片"，在【属性】面板中对"上"进行关联设置。单击"上"的【关联】按钮，然后进行参数设置，设置结果如图9.79所示。

其中，主控量参数是定时器参数，被控量参数是图片的参数。第1行主控量参数的含义是从30微秒开始计时，第2行主控量参数的含义是计时到0秒结束。第1行被控量的含义是被控对象（图片）从舞台纵向坐标400位置作为起点（以图片上边缘为基准）开始运动，第2行被控量参数的含义是被控对象（图片）运动到舞台纵向坐标20的位置停止。

> **要点提示** 设置主控量、被控量的操作是向下拖曳滑杆，出现"+"后，单击按钮+，单击一次"+"，添加一行控制量，设置行，如图9.78所示。

六、添加计时器行为

选中计时器，单击【添加/编辑行为】按钮，为计时器进行行为设置，如图9.80所示。

图9.79　关联设置

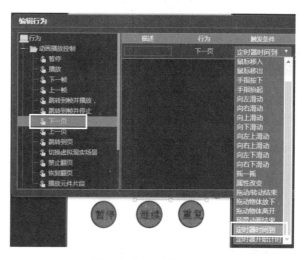

图9.80　计时器行为设置

9.9.2　课堂实训——制作毕业设计作品集

准备5个自己喜欢的H5作品，然后制作5个页面，每个作品占用一个页面，利用计时器功能实现自动播放、自动换页，每个作品显示停留时间为3秒。